工业和信息化部"十四五"规划教材

核物理实验

主　编　张高龙
副主编　周小朋　孙艳梅

北京航空航天大学出版社

内容简介

本教材是由北京航空航天大学核物理实验课程的任课教师结合自己多年的实验教学、科研工作以及带领学生从事科研实践活动的经验编写而成的。内容采用专题模块架构，包括放射性测量和辐射防护、放射性测量中的统计学实验、射线与物质相互作用的实验、辐射探测器实验、能量和时间测量实验以及综合性实验6大专题。除保留基础教学实验部分的内容外，还将近十几年的一些新技术以及教师科研开发的新实验写进教材。

本教材既可作为高等学校核物理专业本科高年级学生的核物理实验课程教材，也可作为核工程、核技术类本科生和研究生的实验课程教材，以及相关科技人员的参考书。

图书在版编目(CIP)数据

核物理实验 / 张高龙主编. -- 北京：北京航空航天大学出版社,2023.8

ISBN 978 - 7 - 5124 - 3994 - 8

Ⅰ. ①核… Ⅱ. ①张… Ⅲ. ①核物理学－实验 Ⅳ. ①O571.1

中国国家版本馆 CIP 数据核字(2023)第 016188 号

版权所有,侵权必究。

核物理实验

主　编　张高龙
副主编　周小朋　孙艳梅
策划编辑　董　瑞　责任编辑　张冀青

*

北京航空航天大学出版社出版发行

北京市海淀区学院路 37 号(邮编 100191)　http://www.buaapress.com.cn
发行部电话:(010)82317024　传真:(010)82328026
读者信箱: goodtextbook@126.com　邮购电话:(010)82316936
北京富资园科技发展有限公司印装　各地书店经销

*

开本:787×1 092　1/16　印张:8　字数:205 千字
2023 年 8 月第 1 版　2023 年 8 月第 1 次印刷　印数:1 000 册
ISBN 978 - 7 - 5124 - 3994 - 8　定价:39.00 元

若本书有倒页、脱页、缺页等印装质量问题,请与本社发行部联系调换。联系电话:(010)82317024

前　言

核物理实验是核物理专业本科高年级学生的一门必修课,是一门内容丰富且与科学实验关系极其密切的课程,是近百年来核科学工作者在实践中发明、发展的探测器、电子学与探测方法的归纳和总结。在国防紧缺专业建设的支持下,北京航空航天大学核物理实验室于2011年开始建设,随后编写了面向核物理专业的核物理实验讲义。本教材在实验内容方面除保留基础教学实验部分外,又融合了一些新的技术,并且结合了教师科研开发的新实验,注重时代性和先进性。从核物理实验课程中学生能够系统地学习核辐射及其探测的基本知识,掌握主要核辐射探测技术、核电子学的原理和应用,掌握核辐射的基本测量方法,加深对基本理论与概念的理解,在辐射探测技术方面获得充分训练,为学生将来从事核能、核科学研究、生产、管理,以及从事与之有关的交叉学科等方面的工作奠定良好的基础。在使用核物理实验讲义的过程中,我们经常根据广大师生的反馈、同行的建议和实验内容的增设不断对讲义进行完善。

在北京航空航天大学教改项目和优质课程建设项目的支持下,我们建立了专题化、分层次的核物理实验综合教学平台,近些年取得了可喜的成绩。核物理实验课程于2021年获校级一流课程建设并申报2022年国家级一流课程;曾于2016年获北京航空航天大学优秀教学成果二等奖,2017年获北京航空航天大学双百工程(优质课程),2021年获国家工业和信息化部"十四五"规划教材资助。

本教材是在多年使用的实验讲义基础上编写的,对部分实验进行了适当修改,增加了近些年任课教师的教学研究成果和一些自主开发的特色实验、研究性实验。教材采用了专题模块的架构,包含放射性测量和辐射防护、放射性测量中的统计学实验、射线与物质相互作用的实验、辐射探测器实验、能量和时间测量实验以及综合性实验6大专题。其中包含了任课教师开发的特色实验内容,如利用磁谱仪研究原子核的β衰变、不同闪烁探测器性能比较、μ子平均寿命的测量、通过测量^{137}Cs的β衰变和内转换电子能谱研究其衰变特性、多像素光子计数器(MPPC)等实验。这些实验内容都是任课教师结合自己的科研开发完成的,它们是本教材的特色之一,之前国内高校还没有类似的实验内容。教材内容按照核物理实验知识逻辑关系进行组织,首先是介绍有关放射性知识、与辐射有关的辐射剂量以及采取的防护措施,使学生对放射性有正确的认识并且能够采取正确的防护措施;然后是放射性测量中的统计学实验;接下来是射线与物质相互作用的实验,可以认识它们与物质相互作用的异同,也为核辐射探测和辐射防护提供理论支撑;之后是辐射探测器实验,其中包括对辐射测量的基本原理和各辐射探测器的工作性能,以及核电子学方面的有关知识和实验;再之后是射线能量和时间测量方面的实验;最后是综合性实验。各专题之间逐步衔接,从掌握基本的放射性知识、核物理实验数据的处理，到了解射线与物质相互作用，再到对各类型辐射的测量以及核物理实验中常进行的能量和时间测量。基于以上知识储备，辅以实验方法和数据处理方法，即可开展综合性实验，对核物理实验有全面系统性的理解，通过一个实验让学生掌握全面且系统的核物理知识和实验技术。

核物理实验课的学时为 128 学时，分别安排在本科三年级的上、下两个学期。上学期主要是一些基本实验，下学期主要是综合程度高的实验或研究性的实验。

本教材的实验内容由张高龙撰写，校稿和图形编辑由周小朋和孙艳梅完成。

需要说明的是，本教材的一些内容或素材参考了兄弟院校如北京大学、清华大学、复旦大学、中国科学技术大学、四川大学和兰州大学等有关单位的教学成果和实验教材，在此向有关老师和专家表示感谢。我们也向在或曾在北京航空航天大学核物理实验课承担过实验教学并编写过早期实验讲义的乐小云、竺礼华、孙保华、王涛峰等老师表示感谢，向为本实验教材的编写有过贡献的往届学生以及在读研究生表示感谢。

由于我们的水平和条件有限，而且时间又十分仓促，本教材难免有不妥之处，诚恳希望使用本教材的同学和老师提出宝贵意见。

核物理实验教学团队

2023 年 1 月

目 录

第1章　放射性测量和辐射防护 ··· 1
　1.1　电离辐射剂量测量 ··· 1
　1.2　基本核电子学插件使用实验 ·· 8

第2章　放射性测量中的统计学实验 ··· 16
　2.1　核衰变的统计规律实验 ··· 16
　2.2　平方反比定律实验 ··· 20

第3章　射线与物质相互作用的实验 ··· 24
　3.1　α粒子的能量损失实验 ··· 24
　3.2　β射线在铝膜中的吸收研究实验 ··· 27
　3.3　γ射线的吸收 ·· 30

第4章　辐射探测器实验 ·· 33
　4.1　NaI(Tl)闪烁谱仪实验 ··· 33
　4.2　$LaBr_3$探测器实验 ·· 40
　4.3　液体闪烁体探测器实验 ··· 48
　4.4　半导体α谱仪实验 ··· 52
　4.5　双面硅条探测器实验 ·· 55
　4.6　高纯锗(HPGe)γ谱仪实验 ·· 59
　4.7　高气压电离室实验 ··· 65
　4.8　多像素光子计数器(MPPC)实验 ·· 73
　4.9　BaF_2探测器实验 ··· 76
　4.10　多丝正比室(MWPC)实验 ··· 80

第5章　能量和时间测量实验 ··· 83
　5.1　β粒子能谱测量 ·· 83
　5.2　γ-γ方向角关联实验 ··· 88
　5.3　塑料闪烁体时间分辨的测量 ··· 93
　5.4　宇宙线μ子平均寿命的测量 ·· 96
　5.5　利用塑料闪烁体探测器测量β射线在空气中的速度 ················ 98

第 6 章 综合性实验 ··· 104

6.1 β-γ 符合法测量放射源的绝对活度 ·· 104

6.2 $LaBr_3(Ce)$、$NaI(Tl)$ 和塑料闪烁体探测器性能比较 ··· 107

6.3 通过测量 ^{137}Cs 的 β 衰变和内转换电子能谱研究其衰变特性 ···································· 111

参考文献 ··· 119

第 1 章　放射性测量和辐射防护

本章主要介绍电离辐射的测量和辐射防护方面的知识,以及进行电离辐射测量时用到的一些核电子学仪器的基本原理和使用方法。在进行有关电离辐射的实验前,我们有必要对电离辐射和电离辐射的测量原理、仪器的使用进行一些相关的讲解。

本章内容包括:
- 环境中电离辐射的来源,目的是让学生加深对环境电离辐射本底的认识;
- 与电离辐射相关的量与单位,有活度、照射量、比释动能、吸收剂量、当量剂量和有效剂量,目的是让学生掌握和了解电离辐射剂量的基本单位;
- 通过照射距离和屏蔽材料对测定 γ 射线照射量的影响实验,让学生掌握外照射防护的基本原则;
- 便携式 X - γ 剂量仪的工作原理和正确的使用方法;
- 电离辐射信号测量中示波器的使用,线性放大器、单道分析器等核电子学仪器的基本原理和使用,脉冲信号源的产生,以及一些核电子学上使用的实验方法等。

除此之外,结合本章的内容,介绍了所开展的一些实验教学。

1.1　电离辐射剂量测量

一、实验目的

① 了解电离辐射和天然电离辐射的来源;
② 掌握常用的一些辐射剂量的基本概念和相应的单位;
③ 掌握外照射防护的基本原则,了解不同射线外照射防护的方法;
④ 学习使用便携式 X - γ 剂量仪的工作原理,掌握正确的使用方法。

二、实验原理

1. 天然电离辐射

人们所关心的辐射,可粗略地分成两类:核辐射和电磁辐射。这两种辐射并不能截然分开,核辐射里面的 γ 射线也是能量比较高的电磁辐射。核辐射是放射性元素产生的辐射,是携带很高能量的质子、中子、氦原子核、电子、光子等。放射性元素会不断地发生衰变反应,变成另外一种物质并放出射线,通常有三种:α 射线(氦核)、β 射线(电子束)和 γ 射线(高能光子)。原子质量比较大的放射性元素也会发生裂变反应(核电站或原子弹),放出中子或者其他射线;较轻的原子核在一定条件下会发生聚变反应,放出中子或者质子射线;而高能宇宙辐射在大气中也会产生大量的次级辐射。日常生活中不会遇到聚变反应,裂变反应产生的射线,一般只有在核电站里才有。

实际上,我们时刻都在受到各种核辐射,但核辐射≠危险。在放射性元素衰变的三种射线里,α 和 β 这两种射线在空气中传播的距离都比较短,如果不是近距离接触,放射性元素对人体是没有影响的。生活中我们喝的水、呼吸的空气,里面都含有少量的放射性元素,比如空气里含有一定的 ^{14}C（β 衰变成 ^{14}N）,地下水和土壤里含有微量的氡,等等,所以我们体内实际上就有相当量的放射性元素,存在从内到外的核辐射。除此之外,还有穿透性很强的 γ 射线,以及从天而降的高能宇宙辐射,高能宇宙辐射在大气里产生大量的次级辐射。所谓的"防辐射服",并不能防范这些辐射,而完全做到隔绝这些辐射也是不可能且不必要的。人们受到的这部分核辐射一般称为天然辐射或自然辐射。天然辐射大多来自由重元素组成的三个放射系（即钍系、铀系和锕系）,每个系的母体半衰期和地球年龄相仿。另外,天然辐射还有来自一些非系列的天然放射性核素,例如 ^{3}H、^{40}K、^{138}La 和 ^{176}Lu 等。目前知道的 2 000 多种放射性核素中,绝大多数是人工制造的,由此造成的辐射称为人工辐射,包括医疗照射产生的辐射照射。环境中的辐射通常来自天然辐射和人工辐射,其中人均天然辐射为 2～3 mSv,人工照射约 0.4 mSv,主要是医疗照射,因此环境辐射主要是天然辐射。

某些情况下,除天然辐射外,在工作场所(核电站)或者生活中(发生过核爆或者核污染的城市)会接触到更多的辐射。只要人体受到的辐射量不超过一定的标准值,比如小于天然辐射很多,就可以认为是安全的。

核辐射对生物体的伤害是怎么造成的呢？生物体内有大量的各种分子,分子内部的化学键一般键能为 2^{-10} eV。核辐射的各种微观粒子带有的能量都比化学键的键能高,因此有可能会破坏人体内分子的化学键,造成分子的性质改变。大部分情况下,细胞内的个别分子被破坏失去生理活性之后,或者整个细胞受损死亡后,会很快被人体分解吸收、重新利用,不会造成重大的伤害。

2. 电离辐射的辐射量和单位

电离辐射通过与物质相互作用,把能量传递给受照物,并在其内部引起各种变化。辐射量是为描述电离辐射与物质相互作用的真实效应（或潜在效应）而提供的物理学上的量度。这些量通常是可以被直接测量的。有关辐射量的概念,不但广泛用于辐射剂量学和辐射防护领域,而且广泛用于放射医学、放射生物学、辐射化学和辐射物理等领域。

（1）活　度

放射性活度是表征放射性核素特征的一个物理量,表示在单位时间内有多少核发生衰变,即放射性核素的衰变率。其定义为

$$A = -\frac{dN}{dt} = \lambda N \tag{1.1-1}$$

式中,$-dN$ 是原子核在 t 到 $t+dt$ 时间间隔内的衰变数；N 是 t 时刻原子核的数目；λ 是放射性核素的衰变常数,$\lambda = \frac{\ln 2}{T_{1/2}}$,其中 $T_{1/2}$ 是放射性核素的半衰期。

活度的国际单位是 s^{-1},专门名称是 Bq（贝可勒尔）,即每秒 1 次衰变,1 Bq＝1 s^{-1}。在实际工作中,放射性活度的常用单位是居里（Curie,简记为 Ci）,1 Ci＝3.7×10^{10} s^{-1}＝3.7×10^{10} Bq。其分数单位有毫居里（mCi,1 mCi＝10^{-3} Ci）和微居里（μCi,1 μCi＝10^{-6} Ci）。

（2）吸收剂量 D

吸收剂量（absorbed dose）定义为：任何电离辐射,授予质量为 dm 的物质的平均能量 $d\bar{\varepsilon}$ 除以 dm。其定义式为

$$D = \frac{d\bar{\varepsilon}}{dm} \tag{1.1-2}$$

式中，$d\bar{\varepsilon}$ 为致电离辐射授予质量为 dm 的物质的平均能量，为平均授予能。

吸收剂量的国际单位是戈瑞(Gy)，暂可使用的非法定计量单位还有拉德(rad)。其关系式如下：

$$1 \text{ Gy} = 1 \text{ J/kg}$$
$$1 \text{ rad} = 10^{-2} \text{ J/kg}$$

吸收剂量由于只与致电离辐射的平均能量 $d\bar{\varepsilon}$（平均授予能 $\bar{\varepsilon}$）有关，因此可用于任何类型的致电离辐射和任何被辐射照射的物质。吸收剂量是辐射剂量学中的一个非常重要的量，可以使用量热法、化学剂量计等多种测量方法进行严格测量。

在 dt 时间内，吸收剂量的增量 dD 除以 dt 被定义为吸收剂量率(absorbed dose rate) $\dot{D}$，即

$$\dot{D} = \frac{dD}{dt} \tag{1.1-3}$$

吸收剂量率的国际单位是戈瑞每秒(Gy/s)。

(3) 比释动能 K

比释动能(kerma)定义为：不带电电离粒子，在质量为 dm 的某种物质中释放出来的全部带电粒子的初始动能总和 dE_{tr} 除以 dm。其定义式为

$$K = \frac{dE_{tr}}{dm} \tag{1.1-4}$$

比释动能的国际单位为戈瑞(Gy)，暂可使用的非法定计量单位还有拉德(rad)。

根据定义，比释动能适用于 X 射线、γ 射线以及中子等不带电致电离粒子。在使用中，由于比释动能可以通过能注量、注量与相互作用系数的乘积求得，所以比释动能 K 还可写成如下关系式：

$$K = \Psi \left(\frac{\mu_{tr}}{\rho} \right) = \Phi \left[E \left(\frac{\mu_{tr}}{\rho} \right) \right] \tag{1.1-5}$$

式中，Ψ、Φ 分别为能注量、注量；μ_{tr}/ρ 为质能转移系数；$E(\mu_{tr}/\rho)$ 称为比释动能因子，可以从有关专业书籍中查到。

另外，当探测器达到电子平衡状态，而且轫致辐射可以忽略不计时，吸收剂量与比释动能接近相等。

在时间 dt 内，比释动能的增量 dK 除以 dt 被定义为比释动能率。其定义式为

$$\dot{K} = \frac{dK}{dt} \tag{1.1-6}$$

比释动能率的国际单位是戈瑞每秒(Gy/s)。

(4) 照射量 X

照射量(exposure)定义为：X 射线或 γ 射线在质量为 dm 的空气中释放出来的全部电子（正电子和负电子）被空气阻止时，空气中产生的总电荷（不包括由于轫致辐射而产生的电离电荷）绝对值 dQ 除以 dm。其定义式为

$$X = \frac{dQ}{dm} \tag{1.1-7}$$

照射量的国际单位是库仑每千克(C/kg)。其非法定计量单位是伦琴,暂可使用。其关系式为

$$1\text{ R} = 2.58 \times 10^{-4}\text{ C/kg}$$

根据定义可知,照射量 X 是用空气被电离的最终结果描述 X 射线或 γ 射线的辐射场特性的。因此其使用条件限定为:只能用于 X 射线或 γ 射线在空气中或在物体内一点处的空气空腔中测量。只能用于在几 keV 到几 MeV 能量范围内的 X 射线或 γ 射线;只能在被测量空气体积元中释放出次级电子产生的韧致辐射忽略不计时,才能使用;只能在满足电子平衡的条件下,才能进行具有一定准确度水平的测试。

照射量还可根据光子的能注量 Ψ、空气的质能吸收系数 (μ_{en}/ρ) 以及空气中每形成一个离子对所消耗的平均能量 W 写成另外一种形式:

$$X = \Psi \cdot \left(\frac{\mu_{en}}{\rho}\right) \cdot \frac{e}{W} \tag{1.1-8}$$

由于 $\frac{\mu_{en}}{\rho} = \frac{\mu_{tr}}{\rho} \cdot (1-G)$,因此照射量 X 的公式又可写为

$$X = \Psi \cdot \left(\frac{\mu_{tr}}{\rho}\right)(1-G) \cdot \frac{e}{W} \tag{1.1-9}$$

当韧致辐射忽略不计时,在带电粒子平衡条件下,照射量 X 与空气比释动能 K 的公式中只有比值 e/W 的差别,因此可以说,照射量 X 与空气比释动能 K 在概念上一致,照射量 X 是空气比释动能 K 的电荷当量。

在时间 dt 内,照射量的增量 dX 除以 dt 被定义为照射量率。其定义式为

$$\dot{X} = \frac{dX}{dt} \tag{1.1-10}$$

照射量率的国际单位是库仑每千克秒(C/(kg·s))。由于库仑是 1 A 电流在 1 s 时间间隔内所输送的电荷量,所以库仑每千克秒(C/(kg·s))还可以表示为安培每千克(A/kg)。暂可使用的非法定计量单位还有伦琴每秒(R/s)。

如何定量评估辐射在物质内产生的效应呢?显然,辐射在物质内产生的效应是由辐射与物质相互作用的特性决定的。剂量用于为真实的或潜在的效应提供一个相关量度,它可以用辐射量和相互作用系数进行计算,也可以探测得出。电离辐射一般分直接电离辐射和间接电离辐射,根据其与物质相互作用的不同,使用的剂量量也有所区别。

(5) 剂量当量、当量剂量

1) 剂量当量 H

剂量当量(dose equivalent)定义为:在要研究的组织中,某点处的剂量当量是该点处的吸收剂量 D、品质因数 Q 和其他一切修正因数的乘积。其定义式为

$$H = D \cdot Q \cdot N \tag{1.1-11}$$

式中,D 为该点处的吸收剂量;Q 为辐射的品质因数;N 为其他修正因数的乘积。

剂量当量的国际单位是 J/kg,专名是希[沃特](Sv),旧单位为雷姆(rem)。其关系式为

$$1\text{ rem} = 10^{-2}\text{ Sv}$$

定义式中,品质因数 Q 表示吸收剂量的微观分布对危害的影响时所用的系数。它的值是根据水中的传能线密度值而指定的,因此国际文件中也常采用 $Q(L)$ 表示品质因数。对于具

有能谱分布的辐射,可以计算 Q 的有效值。在实际辐射防护中,可以按照初级辐射的类型使用 Q 的近似值。1986 年 ICRU 第 40 号报告详细论述了品质因数 $Q(L)$ 在辐射防护中的重要作用,以及与相对生物效应 RBE、线能量 y 和传能线密度 L_Δ 的关系。

在 dt 时间内,剂量当量的增量 dH 除以 dt 被定义为剂量当量率。其定义式为

$$\dot{H} = \frac{dH}{dt} \tag{1.1-12}$$

剂量当量率的国际单位为希[沃特]每秒(Sv/s)。

2) 当量剂量 $H_{T \cdot R}$

当量剂量(equivalent dose)是国际辐射防护委员会(ICRP)的 60 号出版物的一个新单位,主要用于描述内照射剂量。当量剂量是电离辐射 R 在器官或组织 T 内产生的平均吸收剂量。其公式为

$$H_{T \cdot R} = D_{T \cdot R} \cdot W_R \tag{1.1-13}$$

式中,$D_{T \cdot R}$ 为人体的 T 器官或组织接受辐射 R 的平均吸收剂量;W_R 为辐射 R 的辐射权重因数。

辐射权重因数 W_R 是基于辐射防护的目的,考虑到不同类型辐射的相对危害效应的参数。对于光子或电子,辐射权重因数 $W_R = 1$,其他类型辐射的 W_R 值可从辐射防护资料中查到。

3. 外照射防护的措施

辐射对人体的照射方式分为外照射和内照射。外照射是辐射源处于机体外部所产生的照射。只有当机体处于辐射场中时,辐射才对其产生作用,当离开辐射场时,就不再接受照射。内照射是放射性核素进入体内所产生的照射,应根据监测的结果,估算所涉及的那些核素在体内的积存量和内照射剂量。内照射剂量估算比外照射剂量计算所涉及的因素更为复杂,因此两种照射所采取的防护措施与方法是不同的。本实验中主要是外照射剂量测量。对人体而言,外照射主要来自中子、γ 射线和 X 射线,其次是 β 射线。α 射线在空气中的射程比较短,能被一张纸或衣服挡住。

(1) 外照射防护的方法

外照射防护的目的是,控制辐射对人体的照射,使之保持在可以合理做到的最低水平,保障个人所受的剂量当量不超过国家规定的标准。外照射防护,可采用下面三种方式中的一种或它们的结合:尽量缩短受照事件(时间防护),尽量增大与辐射源之间的距离(距离防护),在人和辐射源之间加屏蔽(屏蔽防护)。

1) 时间防护

累积剂量与受照时间有关,受照时间越长,所受累积剂量就越大。在一切接触的电离辐射操作中,应以尽量缩短受照时间为原则。要想减少操作时间,除了从工艺、设备和操作程序方面想办法外,还应事先充分做好准备,多做空白实验提高操作技巧与熟练程度,尽可能减少不必要的逗留时间等,都可以进一步缩短操作时间,达到减少外照射剂量的目的。

2) 距离防护

对于点源,剂量与距离的平方成反比,故采用距离防护是比较有效的。当距离增加 1 倍时,受外照射剂量可降至 1/4。另外,还可以采用自动化、机械化、长柄工具等增加距离的操作器具来进行操作,以达到减少外照射剂量的目的。注意,采用增加距离的操作器具或设备一定要可靠。因为剂量与距离平方成反比的关系仅适用于点源,所以它与辐射源的大小、几何形状及

离点源的相对距离有关。

　　3）屏蔽防护

　　在实际工作中,由于条件有限,单靠缩短接触时间和增大距离并不能达到安全操作的目的,所以必须采用屏蔽防护。屏蔽防护是指在放射源与操作人员之间设置一种或数种能减弱射线外照射剂量的材料构成的屏蔽体,使辐射源放出的射线穿透屏蔽物体后达到减少到操作人员工作处的辐射剂量,进而减少操作人员受外照射剂量的目的。屏蔽防护主要是屏蔽材料的选择、屏蔽层厚度的计算和屏蔽体结构的设计。根据防护要求的不同,屏蔽物可以是固定式的,也可以是移动式的;屏蔽材料可根据辐射源的活度、用途和工作性质来选择,既要考虑使用需要,又要考虑成本及材料来源。

　　(2) 几种常用射线的防护方法

　　① α射线　其穿透能力最弱,一张白纸就能把它挡住。因此,对于α射线应注意内照射,其进入体内的主要途径是呼吸和进食时。其防护的方法主要是:防止吸入被污染的空气和食入被污染的食物;防止伤口污染。

　　② β射线　其穿透能力比α射线强,比γ射线弱,因此β射线是比较容易阻挡的。但是,却不能忽视,它容易被组织表层吸收,引起组织表层的辐射损伤。β射线与物质相互作用会产生轫致辐射,所以防护β射线时必须考虑两层屏蔽:第一层选用低原子序数的材料;第二层选用高原子序数的材料,以屏蔽轫致辐射。选用低原子序数的材料屏蔽β射线,也可以减少轫致辐射。

　　③ γ射线　其穿透能力强,可以造成外照射。其防护的方法主要有:尽可能减少受照射的时间;增大与辐射源间的距离;采取屏蔽措施,在人与辐射源之间加一层足够厚的屏蔽物,可以降低外照射剂量。屏蔽材料有铅、钢筋混凝土、水等。屏蔽体厚度的计算,可采用直接公式法、减弱倍数法、剂量减弱系数和半减弱厚度法。

　　④ X射线　与γ射线性质相同,是具有强穿透能力的一种电磁辐射。广泛应用于医疗、工业、农业及科学研究各方面。实际接触X射线的社会成员很广,因此X射线照射是构成广大居民剂量的主要来源之一。

　　产生X射线的机理有两种,一是轫致辐射,二是特征X射线。在这两种发射X射线中,以轫致辐射为主,因此X射线谱是连续谱。广泛应用的是X射线机,按用途可分为诊断用、治疗用和工业探伤用。进行屏蔽设计时,应根据具体用途选用屏蔽材料。对于屏蔽墙,一般用普通混凝土;对于防护门,一般用铅皮覆盖;对于观察窗,用铅玻璃或等当量的普通玻璃。由于X射线一般为连续谱,很难用公式准确地计算它们在物质中的减弱,故一般通过实验测量在各种屏蔽材料中的减弱曲线,借助于这些曲线来计算屏蔽厚度。屏蔽厚度的计算包括:防护有用射线束的主屏蔽层;防护泄露辐射和散射辐射的次屏蔽层,以及天花板、门窗的屏蔽层。

　　⑤ 中子　中子源发射出来的中子几乎都是快中子,在屏蔽层中主要通过弹性散射和非弹性散射损失能量,最后被物质吸收,主要放出γ射线。因此中子的屏蔽一般较为复杂,除考虑快中子的减弱过程和吸收过程外,还应考虑γ射线的屏蔽。一般考虑两层屏蔽,里层是用石蜡、聚乙烯等屏蔽中子,外层是用一定厚度钢板制成的外壳。如果具有强γ本底的中子源,最内层需要用铅吸收γ射线。

三、实验仪器

本实验用笔式(X4) X、γ 辐射监测剂量仪,铝片,铅片,铅砖,卷尺,放射源 ^{137}Cs 和 ^{60}Co。

1. 笔式(X4) X、γ 辐射监测剂量仪简介

如图 1.1-1 所示,笔式(X4)X、γ 辐射监测剂量仪采用高灵敏度、宽探测范围的新型室温半导体探测器——碲锌镉(CdZnTe,CZT)辐射探测器,是一款温和轻巧、便于携带,并且具有实时辐射剂量率监测、累积剂量监测、4G 和蓝牙无线数据通信、GPS/北斗数据定位、报警阈值可设的以及由灯光、振动组合报警的监测仪表。测量 X、γ 射线的能量范围是 30 keV～3 MeV,剂量率范围是 0.01 μSv/h～20 mSv/h,续航时间≥200 h,工作温度范围是 −20～40 ℃,响应时间是 3 s。

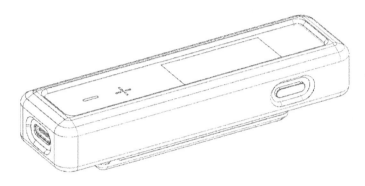

图 1.1-1　笔式(X4) X、γ 辐射监测剂量仪外观图

2. 笔式(X4) X、γ 辐射监测剂量仪的操作

① 充电:仪表充电采用 Type-C 接口,将充电口对准插入,直到充电指示灯亮;在开机时充电,仪表显示屏会出现充电电量指示。

② 开关机:长按按键 3 s,仪表即可开机/关机,开机时绿灯短暂亮起后熄灭。

③ 功能介绍:

(a) 笔式(X4)X、γ 辐射监测剂量仪支持通过按键切换菜单:
- 双击:快速按两下按键可进入/退出菜单页面;
- 单击:修改参数内容;
- 长按:长按按键 3 s 确认修改,不修改时长按按键进入下一项。

(b) 报警功能:仪表默认剂量率报警阈值为 2.5 μSv/h,默认累积剂量报警阈值为 2 mSv/h,当剂量率超过剂量率报警阈值或者累积剂量超过累积剂量报警阈值时,仪表会主动发出声、光或振动报警,并唤醒处于熄屏状态下的液晶显示报警内容。

四、实验过程

① 用上述剂量仪测量实验室中本底辐射剂量,记录结果。

② 用铅砖屏蔽剂量仪测量本底辐射剂量,将测量结果与①的测量结果进行对比。

③ 在没有任何屏蔽体时,用剂量仪分别测量距离放射源 ^{137}Cs 和 ^{60}Co 20 cm 和 60 cm 时的辐射剂量。

④ 固定剂量仪和放射源^{137}Cs的距离,改变测量时间,记录所对应的辐射剂量。
⑤ 固定测量时间,改变剂量仪与放射源^{137}Cs的距离,测量所对应的辐射剂量。
⑥ 固定测量时间、剂量仪与放射源^{137}Cs的距离,在剂量仪和放射源^{137}Cs之间加入相同厚度的铝片和铅片,分别测量所对应的辐射剂量。

五、思考题

1. 在进行X、γ辐射剂量测量时,为什么要选用不同的放射源?不同材料对X、γ辐射剂量的大小有何影响?
2. 了解外照射和内照射方式时不同射线的危害程度。
3. 了解人体不同器官组织的辐射敏感性和剂量当量限制。

1.2 基本核电子学插件使用实验

一、实验目的

掌握常用核电子学(Nuclear Instrument Module,NIM)的基本原理以及基本参数,包括谱仪放大器、单道脉冲幅度分析器、定标器、脉冲发生器和多道脉冲幅度分析器。

二、实验原理

1. 谱仪放大器

本实验采用SC1004型谱仪放大器,整个放大器是由输入极性转换、一次极零相消的微分电路、粗调和细调的放大电路、两级成形电路以及基线恢复器等组成,结构框图如图1.2-1所示。

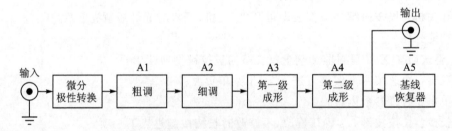

图 1.2-1 谱仪放大器结构方框图

输入信号首先经过极零相消的微分电路,时间常数分为0.5、1、2、3、6、10 μs六挡,通过开关进行选择,极零补偿可由调节变阻器的值实现,从而可消除指数衰减信号微分后所产生信号的下冲部分,使后接的放大单元能正常工作。

微分后的信号经极性转换开关加到由运算放大器A1构成的第一放大级(粗调),输入为负信号时从A1的反相输入端输入,输入为正信号时从A1的同相输入端输入。不论输入的信号极性是正还是负,本级均输出正极性信号。

第二放大级由运算放大器A2构成,对输入信号进行细调放大。整机的放大倍数是各放大级放大倍数之积,也就是放大器增益粗调和细调的原理。

由运算放大器 A3 和 A4 构成积分级,完成三次积分,积分时间常数分为 0.5、1、2、3、6、10 μs 六挡,以获得不同的脉冲宽度和较好的信噪比,与微分时间常数用同一开关进行选择,保持同步。

为了保证输出直流电平的稳定,加了一级直流恢复器,由运算放大器 A5 构成,与 A4 构成负反馈电路。当输入信号的基线偏移时,比如 A5 反相端产生负向偏移,在输出端将产生正向偏移,即 A5 的同相输入端产生负向偏移,从而使 A5 的输出端产生负向偏移,进而达到稳定直流工作点的作用。调节变阻器,可改变放大器输出的直流电平值。

(1) 放大器的线性和非线性

放大器的线性是指放大器的输入信号幅度和输出信号幅度之间的线性程度。实际上,在所规定的信号幅度范围内,还是随着输入信号或者输出信号幅度变化而有一个微小的变化。理想的放大器的幅度特性是一条通过原点的直线,如图 1.2-2 所示的直线,但实际上,放大器总是存在着非线性,通常把非线性分为积分非线性和微分非线性。如图 1.2-2 中曲线那样,曲线与直线的差别越大,非线性越严重。

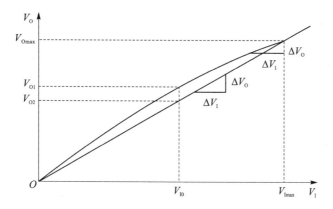

图 1.2-2 积分非线性与微分非线性

积分非线性(INL)定义:

$$\mathrm{INL} = \frac{\Delta V_{\mathrm{Omax}}}{V_{\mathrm{Omax}}} \times 100\%$$

式中,ΔV_{Omax} 表示放大器的实际输出特性与理想输出特性之间的最大偏差;V_{Omax} 表示最大输出额定信号幅度。积分非线性直接影响到能量刻度误差及使峰位发生偏移。

微分非线性(DNL)定义:

$$\mathrm{DNL} = \left(1 - \frac{\Delta V'_{\mathrm{O}}/\Delta V'_{\mathrm{I}}}{\Delta V_{\mathrm{O}}/\Delta V_{\mathrm{I}}}\right) \times 100\%$$

式中,$\Delta V'_{\mathrm{O}}/\Delta V'_{\mathrm{I}}$ 表示实际测量到的放大器输出特性曲线上某处的斜率,也就是放大器的放大倍数;$\Delta V_{\mathrm{O}}/\Delta V_{\mathrm{I}}$ 表示理想放大器输出特性曲线上某处的斜率。微分非线性给出放大器在不同的输出幅度时放大倍数的变化。由于存在微分非线性,因此能谱将会产生畸变。

(2) 放大器的幅度过载特性

放大器工作有一个线性范围,当超出线性范围较小时,放大器还能正常工作,只是它的非线性系数变大;当超出线性范围很大时,放大器在一段时间内就不能正常工作。在这段时间里来的正常信号就不能被正常放大,从而使测量产生误差。这种现象称为放大器的幅度过载。

这一段不能恢复正常工作的时间称为放大器的死时间。

2. 单道脉冲幅度分析器

单道脉冲幅度分析器要求只有当输入脉冲幅度落入给定的电压（阈电平）范围（$V_U \sim V_L$）之内时，才输出逻辑脉冲；而输入脉冲幅度小于 V_L 或大于 V_U 时，皆无输出脉冲。

实际的单道脉冲幅度分析器由基线恢复器、衰减器、甄别成形级、反符合逻辑、输出放大级等组成。输入信号经过衰减器和基线恢复器以后加到上、下甄别器。上、下甄别器是由集成电压比较器构成的集成电路甄别器。

输入信号经过 1/2 衰减器加到上、下甄别器，可以把单道脉冲幅度分析器允许输入脉冲幅度扩大到 10 V，集成电压比较器构成的上、下甄别器本身最大允许输入信号为 5~7 V。上、下甄别器电路的阈电平由参考电压运算器供给。参考电压运算器是由上、下运算放大器组成的加法器和减法器以及精密参考电压源构成的。稳定的参考电压由稳压二极管提供，并经过电位器分别提供阈电压 V_T 和道宽电压 V_W，再接到加法器和减法器的输入端，输出即可获得上、下甄别器的阈电压。在输入端有个基线恢复器，作用是保证单道脉冲幅度分析器在高计数率输入信号下不产生明显的基线偏移。

单道脉冲幅度分析器的道宽调节有对称和非对称调节。当道宽非对称调节时，上甄别器输出电压为上甄别阈 V_U，即 $V_U = \frac{1}{2}(V_T + V_W)$；减法器输出电压为下甄别阈 V_L，即 $V_L = \frac{V_T}{2}$。当 V_T 改变时，V_U 和 V_L 同时改变，道宽为 $\frac{V_W}{2}$。当道宽对称调节时，上甄别阈为 $V_U = \frac{V_T + V_W}{2}$，下甄别阈为 $V_L = \frac{V_T - V_W}{2}$，所以道宽为 V_W。可以看到，在调节道宽时，上阈 V_U 和下阈 V_L 的变化大小相等、方向相反，而保持道宽中心不变。利用对称调节，可以保持道宽一致，测量每个道宽下的计数（即峰面积）更方便，即测量峰面积更方便。将道中心调到阈位，调节道宽时不需要再调阈，但是 V_T 不能小于道宽 V_W。

3. 脉冲发生器

脉冲发生器是由参考电压源、开关电路（K1 和 K2）、振荡源、开关控制逻辑单元、存储电容器以及负载组成。

参考电压源提供一个稳定的、可调的直流电压。振荡源和开关控制逻辑单元控制开关电路 K1 和 K2。当开关 K1 闭合、K2 断开时，参考电压源给存储电容器充电到参考电压值，然后开关 K1 断开，K2 闭合，电容器通过负载放电，形成了一个幅度由参考电压值决定、衰减时间常数为 CR_L 的脉冲。

脉冲发生器的脉冲幅度连续可调，稳定性和线性较好，脉冲的重复频率和宽度是可调的。除作为一般的信号源使用外，主要用于测量和校准电子仪器的线性和稳定性。

4. 定标器

定标器是最早使用的一种核辐射测量仪器。为了保证测量的准确度和精度，定标器一般都具有自动操作和自动控制等功能，能够精确记录任意选定时间内的脉冲计数，可直接显示或输出测量的结果。定标器的原理框图如图 1.2-3 所示，它包括输入级、计数电路、定时电路和控制电路等部分。

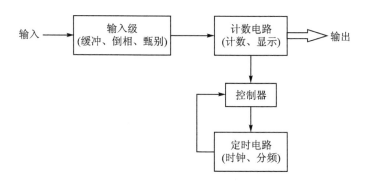

图 1.2-3　定标器原理方框图

定标器的输入部分通常设有倒相、缓冲器和脉冲幅度甄别器,它的作用是把输入脉冲成形为适合于能触发计数电路的脉冲,并剔除小的干扰信号和噪声脉冲。缓冲器起隔离作用,倒相开关便于选择正负极性输入。

计数电路是定标器的主要部分,它用来累计输入脉冲的数目,一般由十进制计数单元构成。计数电路通常附有译码显示电路,直接显示测量结果。定时电路根据测量工作需要来选择计数时间。测量时间可由显示电路显示。控制电路是通过不同的逻辑电路来控制整个仪器,使它在各种情况下工作,如手动计数、半自动计数、自动计数等方式,还可预置定时计数或定时计时的功能,测量在选定时间内的输入脉冲数目。此外,定标器可以由外加控制信号控制计数的开始和停止。

随着集成电路的发展,现在一个 NIM 插件中常包含多个定标器,共用一个显示器;在 CAMAC、VME 插件中,包含 16 路定标器,不带显示器,送到计算机处理。

5. 多道脉冲幅度分析器

脉冲幅度分析是多道脉冲幅度分析器(MAC)最主要的测量功能,在一般的核能谱测量(如中子活化分析、时间谱测量)中都要用这种方式来获取数据。

图 1.2-4 是一个具有典型内部结构的多道脉冲幅度分析器的简化框图。它是用一个

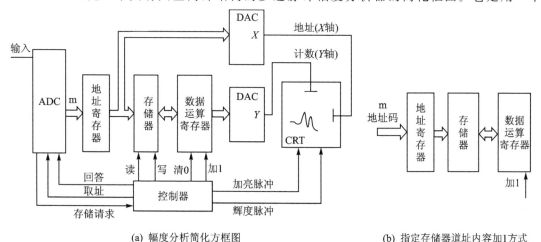

(a) 幅度分析简化方框图　　　　(b) 指定存储器道址内容加1方式

图 1.2-4　多道脉冲幅度分析器方框图

ADC 测量一个输入端脉冲信号幅度谱。被分析的输入脉冲由 ADC 转换成数码，在转换期间，输入端被封锁，以避免下一个输入信号的干扰。转换结束时，ADC 向主机发出存储请求，主机响应后即由控制器发出取址信号；把 ADC 输出的地址码送到存储器的地址寄存器，接着控制器发出读命令，按道址将存储器中该道已有的存数读出，放到数据运算寄存器上，进行加 1 计数，然后控制器再发出写命令，将加 1 后的新数写回存储器该道中去，存储完毕。主机给 ADC 发出回答信号，解除对 ADC 输入的封锁，允许分析下一个信号。

可以看到，这是指定存储器道址内容加 1 的获取方式，如图 1.2-4(b) 所示。ADC 输出的数码用来指定存储器的道址，使道址的内容加 1，由"读"、"加 1"和"写"等操作来完成对一个数据的存储过程。多道脉冲幅度分析器是对每个输入脉冲幅度进行分析，在与幅度大小相应的道址作加 1 计数，也就是直接对幅度大小进行实时统计分析。

为了显示某一道数据，以存储器中该道存储单元的地址为横坐标，以该道址内容（数据）为纵坐标，在显示器上显示出一个光点。按道址的顺序逐道显示存储器各单元的内容，便形成一条谱形曲线，周期性地重复这一过程便可得到稳定的谱形。水平轴表示道址，垂直轴表示各道中的计数。

三、实验装置

本实验用 NIM 机箱（带电源）1 个，脉冲发生器 1 台，谱仪放大器 1 个，单道脉冲幅度分析器 1 台，定标器 1 个，多道脉冲幅度分析器 1 台，示波器 1 台，计算机 1 台。

四、实验内容

1. 利用示波器观测脉冲发生器输出的信号

本部分的目的：熟练使用数字示波器观测信号；理解脉冲发生器的原理并分别测试幅度、频率和衰减时间对输出波形的影响；掌握示波器的使用方法。

研究内容：以脉冲幅度、频率、衰减时间为基准，分别调整上述三个旋钮，观察示波器上波形的变化，定性分析这三个参数对波形的影响，记录每个步骤的示波器信号。本实验用到的脉冲发生器如图 1.2-5 所示。

2. 测量谱仪放大器

本部分的目的：理解谱仪放大器的工作原理，并分别测试增益系数、成形时间参数以及极零相消对输出信号的影响。

研究内容：分别调整放大器的增益系数（粗调和细调）、成形时间、极性转换按钮和极零相消旋钮，利用示波器观察信号波形的幅值和形状变化，记录每个步骤的示波器信号。本实验以谱仪放大器 SC1004 为例，如图 1.2-6 所示。

3. 测量单道脉冲分析器

本部分的目的：理解单道脉冲幅度分析器的工作原理，掌握其使用方法。

研究内容：调整单道分析器的相关参数（阈值、道宽、微分/积分、对称/非对称），测量它们对输出信号的影响。本实验以单道脉冲幅度分析器 SC1010 为例，如图 1.2-7 所示。

4. 脉冲信号计数率测量

本部分的目的：掌握定标器测量脉冲计数率的方法。

图 1.2-5 精密脉冲发生器实物图　　　　图 1.2-6 谱仪放大器实物图

研究内容：对比脉冲发生器输出的测量结果。本实验以定标器 SC1015 为例，如图 1.2-8 所示。

图 1.2-7 单道脉冲幅度分析器实物图　　　　图 1.2-8 定标器实物图

5. 脉冲信号幅度测量

本部分的目的：掌握常用的多道脉冲幅度分析器工作原理，利用多道脉冲幅度分析器测量脉冲信号幅度分布。

研究内容：以脉冲发生器产生的信号为输入，测量脉冲信号的幅度分布。

五、实验过程

1. 利用示波器观测脉冲发生器输出的信号

① 掌握数字示波器的测量范围，记录其带宽、时间分辨、幅度分辨等参数；

② 调整脉冲发生器，输出正极性脉冲，固定脉冲幅度、频率、衰减时间，利用示波器观测信号并记录；

③ 保持脉冲频率和衰减时间不变，改变脉冲幅度，用示波器观测信号；

④ 保持脉冲幅度和衰减时间不变，调整信号频率，用示波器观测信号；

⑤ 保持脉冲幅度和频率不变，改变衰减时间，用示波器观测输出信号。

2. 测量谱仪放大器

① 调整脉冲发生器，输出正极性脉冲，固定脉冲幅度、频率、衰减时间。

② 谱仪放大器选择正极性输入，固定谱仪放大器的成形时间，使用粗调和细调旋钮，结合示波器观察输出脉冲信号幅度的变化，记录对应的脉冲幅度大小，分析谱仪放大器的增益与输出脉冲幅度间的关系。

③ 在步骤②的基础上，固定谱仪放大器的增益，调整谱仪放大器的成形时间，结合示波器观察输出脉冲信号形状的变化。

④ 固定谱仪放大器的增益、成形时间，调整极零相消旋钮，用示波器观察输出脉冲形状的变化。

3. 测量单道脉冲幅度分析器

① 调整脉冲发生器，输出正极性脉冲，输入给谱仪放大器，谱仪放大器的输出信号一分为二，一路输入示波器，一路输入单道脉冲幅度分析器。

② 测量单道脉冲幅度分析器甄别阈值的积分非线性。置单道脉冲幅度分析器于"积分""非对称"位置，改变脉冲发生器的输出脉冲幅度，改变单道脉冲幅度分析器的阈值，利用示波器观察单道脉冲幅度分析器的输出，逐点测出单道脉冲幅度分析器刚有输出（即临界触发）时的输入脉冲幅度，记录所测得的阈值的标称值（即单道脉冲幅度分析器阈值的刻度值）和实际输入脉冲幅度。对测量值进行直线拟合，实际的输入脉冲幅度减去直线拟合值，得到的最大差值除以最大输入脉冲幅度即为积分非线性。

③ 测量单道脉冲幅度分析器道宽的微分非线性。置单道脉冲幅度分析器于"微分""非对称"位置，固定阈值，道宽的值从小到大变化。由示波器观察单道脉冲幅度分析器的输出。选择不同的道宽标称植，测出单道脉冲幅度分析器处于上阈临界触发时的输入脉冲幅度和处于下阈临界触发时的输入脉冲幅度，其差值即为道宽的实际值。由此可算出道宽的微分非线性。

4. 脉冲信号计数率测量

① 将脉冲发生器输出的信号输出给谱仪放大器，然后连接单道脉冲幅度分析器，单道脉

冲幅度分析器输出的信号输入给定标器。

② 改变脉冲发生器的幅度、频率,记录定标器输出的结果。

5. 脉冲信号幅度测量

① 调整脉冲发生器,输出的正极性脉冲输入给多道脉冲幅度分析器,用示波器观察脉冲发生器的信号,记录示波器测量的脉冲幅度与多道测量的道数、示波器测量的脉冲频率与多道测量的计数,对比两者之间的结果,并分析。

② 作信号幅度与测量道数关系图,对多道脉冲幅度分析器进行幅度-道数的刻度,并检查多道脉冲幅度分析器的线性。

六、思考题

1. 一般谱仪放大器的主要技术指标有哪些？在能谱分析系统中,所用的线性放大器特别重要的指标是什么？

2. 用示波器观察脉冲信号时,示波器的触发电平应如何调节？

3. 若阈值电压 $V_T=5$ V, $V_W=0.5$ V,求非对称和对称调节时的上阈电平、下阈电平、道宽和道中心值。

第 2 章 放射性测量中的统计学实验

在放射性事件与核事件中，原子核的衰变、带电粒子与物质相互作用产生电子-离子对、γ射线与物质相互作用产生带电粒子等，即使实验条件都是稳定的（例如放射源的活度、放射源位置、探测器的电压和放射源到探测器的距离等），在相同时间内对同一参数进行多次测量，每次测到的计数也并不完全相同，而是围绕平均值上下涨落。这是放射性计数的统计涨落，这种涨落是微观粒子运动过程中的一种规律现象。

本章安排了两个实验：一是验证原子核衰变及放射性计数的统计性，掌握计算统计误差的方法和检验测量数据的分布类型方法；二是掌握对实验数据带权重的线性拟合方法。通过距离平方反比实验，加深对辐射防护中射线强度与距离的关系理解。通过这些实验，了解放射性事件随机性方面的知识，学会检验探测仪器的工作状态是否正常，分析测量值的不确定性是统计性的原因还是仪器本身误差的因素导致的；对所测的计数值进行一些合理校正，并给定正确的误差范围。

2.1 核衰变的统计规律实验

一、实验目的

① 了解并验证原子核衰变及放射性计数的统计性。
② 了解并掌握环境中的放射性衰变的统计性。
③ 了解统计误差的意义，掌握计算统计误差的方法。
④ 学习检验测量数据的分布类型的方法。

二、实验原理

1. 三种分布

在重复的放射性测量中，即使保持完全相同的实验条件（放射源的半衰期足够长，在实验时间内认为其活度基本上没有变化；源与计数管的相对位置始终保持不变；每次测量时间不变；测量仪器足够精确，不会产生其他附加误差等），每次的测量结果也并不完全相同，而是围绕着平均值上下涨落。这种现象称为放射性计数的统计性。放射性计数的统计性反映了放射性原子核衰变本身固有的特性，这种涨落不是由观测者的主观因素造成的，也不是由测量条件变化引起的，而是微观粒子运动过程中的一种规律性现象，是由放射性原子核衰变的随机性引起的。

放射性原子核衰变的过程是一个相互独立且彼此无关的过程，即每一个原子核的衰变是完全独立的，与别的原子核是否衰变没有关系，而且哪一个原子核先衰变，哪一个原子核后衰变也纯属偶然，并无一定次序。假定在 $t=0$ 时刻有 N_0 个不稳定的原子核，那么在某一时间 t 内将有一部分原子核发生衰变。假设在某一时间间隔 Δt 内放射性原子核衰变的概率为 p，则

p 正比于 Δt，即 $p=\lambda \Delta t$，其中 λ 是该种放射性核素的特征值，称为该放射性核素的衰变常数。那么未衰变的概率为 $1-\lambda \Delta t$。若将时间 t 分为许多很短时间间隔的 Δt，$\Delta t = t/i$，经过时间 t 后未衰变的概率为 $(1-\lambda t/i)^i$，令 $i \to \infty$，则

$$\lim_{i \to \infty}[1+(-\lambda)t/i]^i = e^{-\lambda t} \tag{2.1-1}$$

由此可知，一个放射性原子核经过 t 时间后未发生衰变的概率为 $e^{-\lambda t}$，N_0 个原子核经过时间 t 后未发生衰变的原子核数目 $N = N_0 e^{-\lambda t}$。上面的衰变规律只是从平均的观点来看大量原子核的衰变规律，从数理统计学来看，放射性衰变的随机事件服从一定的统计分布规律。二项式分布是最基本的统计分布规律。放射性原子核的衰变可以看成数理统计中的伯努利试验问题，在时间 t 内发生核衰变数为 n 的概率为

$$P(n) = \frac{N_0!}{(N_0-n)!\,n!}(1-e^{-\lambda t})^n (e^{-\lambda t})^{N_0-n} \tag{2.1-2}$$

对于任何一种分布，都有两个最重要的数字特征：一个是数学期望值，即平均值，用 m 表示，它表示随机数 n 取值的平均位置；另一个是方差，用 σ^2 表示，它表示随机数 n 取值相对期望 m 值的离散程度。方差的均方根值称为均方根差，用 σ 表示。对于二项式分布，有

$$m = N_0(1-e^{-\lambda t}),\quad \sigma^2 = N_0(1-e^{-\lambda t})e^{-\lambda t} = me^{-\lambda t} \tag{2.1-3}$$

假如 $\lambda t \ll 1$，即时间 t 远小于半衰期，则 $\sigma^2 = m$ 或 $\sigma = \sqrt{m}$。

当 m 值较大时，由于 n 值出现在平均值 m 附近的概率较大，故 σ 可以表示为 $\sigma = \sqrt{n}$，即均方根值可用任意一次观测到的衰变核数代替平均值来进行计算。

对于二项式分布，当 N_0 很大，且 $\lambda t \ll 1$ 时，$p = 1-e^{-\lambda t} \ll 1$，$m = N_0 p \ll N_0$。这意味着，与 N_0 相比 n 和 m 很小。因此

$$\frac{N_0!}{(N_0-n)!} = N_0(N_0-1)(N_0-2)\cdots(N_0-n+1)$$
$$\approx N_0^n (1-p)^{N_0-n} \approx (e^{-p})^{N_0-n} \approx e^{-N_0 p} \tag{2.1-4}$$

并且 $P(n) \approx \frac{N_0^n}{n!} p^n e^{-N_0 p} = \frac{m^n}{n!}e^{-m}$，这就是泊松分布。当 N_0 不小于 100，p 不大于 0.01 时，泊松分布能很好地近似于二项式分布。在泊松分布中，n 取值范围为所有正整数，并在 $n = m$ 附近时 $P(n)$ 有较大值。当 m 值较小时，分布是不对称的；当 m 值较大时，分布逐渐趋于对称。泊松分布的均方根差为 $\sigma = \sqrt{m}$。

当 $m \geq 20$ 时，泊松分布一般可用正态分布（高斯）来代替。如下所示：

$$P(n) = \frac{1}{\sqrt{2\pi}\sigma} e^{\frac{-(n-m)^2}{2\sigma^2}} \tag{2.1-5}$$

式中，$\sigma^2 = m$。期望值与方差都为 m。

在放射性测量中，原子核衰变的统计现象服从的泊松分布和正态分布也适用于计数的统计分布；因此，如果将分布公式中的放射性核的衰变数 n 换成计数 N，将衰变粒子的平均数 m 换成计数的平均值 M，则有

$$P(N) = \frac{M^N}{N!}e^{-M},\quad P(N) = \frac{1}{\sqrt{2\pi}\sigma} e^{\frac{-(N-M)^2}{2\sigma^2}} \tag{2.1-6}$$

式中，$\sigma^2 = M$。当 M 值较大时，由于 N 值出现在 M 值附近的概率较大，σ^2 可用某一次计数值 N 来近似，所以 $\sigma^2 \approx N$。

由于核衰变的统计性，在相同条件下做重复测量时，每次测量结果并不相同，有大有小，围绕平均值 M 涨落，涨落大小可以用均方根差 $\sigma \approx \sqrt{N}$ 来表示。

计数值处于 $N \sim N + \mathrm{d}N$ 内的概率为

$$P(N)\mathrm{d}N = \frac{1}{\sqrt{2\pi}\sigma} e^{\frac{-(N-M)^2}{2\sigma^2}} \mathrm{d}N \tag{2.1-7}$$

令 $z = \dfrac{N-M}{\sigma} = \dfrac{\delta}{\sigma}$，则

$$P(N)\mathrm{d}N = \frac{1}{\sqrt{2\pi}} e^{-\frac{z^2}{2}} \mathrm{d}z \tag{2.1-8}$$

而 $\int_0^z \dfrac{1}{\sqrt{2\pi}} e^{-z^2} \mathrm{d}z$ 称为正态分布概率积分，此积分数值可以在数值表中查到。

如果对某一放射源进行多次重复测量得到一组数据，平均值为 $\overline{N}$，那么计数值 N 落在 $\overline{N} \pm \sigma$ 范围内的概率为

$$\int_{\overline{N}-\sigma}^{\overline{N}+\sigma} P(N)\mathrm{d}N = \int_{-1}^{1} \frac{1}{\sqrt{2\pi}} e^{-\frac{z^2}{2}} \mathrm{d}z = 0.683 \tag{2.1-9}$$

这就是说，在某实验条件下进行单次测量，如果计数值为 N_1，可以说 N_1 落在 $\overline{N} \pm \sigma$ 范围内的概率为 68.3%；或者说，在 $\overline{N} \pm \sigma$ 范围内包含真值的概率是 68.3%。实质上，从正态分布的特点来看，由于出现概率较大的计数值与平均值 $\overline{N}$ 的偏差较小，所以对于单次测量值 N_1，可以近似地认为，在 $N_1 \pm \sqrt{N_1}$ 范围内包含真值的概率是 68.3%，这样用单次测量值就大体上确定了真值所在的范围。这种由于放射性衰变统计性引起的误差叫作统计误差。放射性统计涨落服从正态分布，当采用标准误差表示放射性的单次测量值 N_1 时，可以表示为 $N_1 \pm \sigma \approx N_1 \pm \sqrt{N_1}$。将 68.3% 称为置信概率，或者置信度，相应的置信区间为 $\overline{N} \pm \sigma$。当置信区间为 $\overline{N} \pm 2\sigma$、$\overline{N} \pm 3\sigma$ 时，相应的置信概率分别为 95.5% 和 99.7%。

2. χ^2 检验法

放射性衰变是否符合正态分布或泊松分布，χ^2 检验法则提供了一种较精确的判别准则。它的基本思想是，比较被测对象应有的一种理论分布和实测数据分布之间的差异，然后从某种概率意义上来说明这种差异是否显著。如果差异显著，则说明测量数据有问题；反之，则说明测量数据正常。

在同一条件下测得一组数据 $N_i (i=1,2,3,\cdots,k)$，若将每个 N_i 视为一个随机变量，假设它们服从同一正态分布 $N(m, \sigma^2)$。由于 m 未知，用平均值 $\overline{N}$ 来代替，σ 用 $\sqrt{\overline{N}}$ 来代替，故 $z \approx \dfrac{N_i - \overline{N}}{\sqrt{\overline{N}}}$，将 $N(m, \sigma^2)$ 化为服从标准正态分布 $N(0,1)$。此标准分布的随机变数 z 的平方和也是一个随机变数，称为 χ^2，表达式如下：

$$\chi^2 = \sum_{i=1}^{k} \frac{(N_i - \bar{N})^2}{\bar{N}} \tag{2.1-10}$$

随机变量 χ^2 也服从一种类型分布,称为 χ^2 分布。设某个预定值 χ_a^2 的概率为 a。χ^2 分布中有一个自由度参数,实际上就是独立随机变量的个数。若在 k 个随机变量中存在 γ 个约束条件,则自由度为 $v=k-\gamma$。使用时 a 和自由度对应的 χ_a^2 可查数值表。

对于 N_i 个数据的 χ^2 分布,约束条件只有一个,自由度为 $v=k-1$。用 χ^2 分布对一组测量数据进行检验,具体操作如下:先用实验值计算出 χ^2 值;再根据预先给定的一个小概率值 a,从数值表中查出相应自由度下对应 a 的 χ_a^2 值;然后将 χ^2 与 χ_a^2 进行比较。若 $\chi^2 \geqslant \chi_a^2$,则说明这是比预定概率还要小的一个小概率事件,这样的事件是不大可能出现的,说明这组数据不全是服从同一正态分布的随机变量;反之,则认为这组数据是正常的。接着再对 χ^2 分布的另一侧作类似的检验,给定一个较大的概率值 $1-a$,查数值表得到相应的 χ_{1-a}^2,将 χ^2 与 χ_{1-a}^2 作比较。若 $\chi^2 > \chi_{1-a}^2$,则说明这组数据的出现不是小概率事件,是可以接受的;反之,则需要怀疑这组数据的精确性。

三、实验装置

图 2.1-1 所示为基于闪烁体探测器的实验装置方框图,图 2.1-2 所示为基于 G-M 计数管的实验装置方框图。

图 2.1-1 基于闪烁体探测器的实验装置方框图

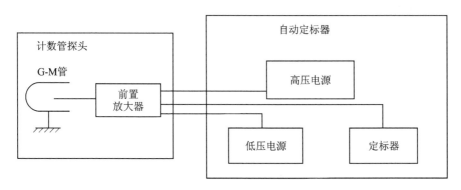

图 2.1-2 基于 G-M 计数管的实验装置方框图

本实验用闪烁体探测器 1 个,G-M 气体探测器 1 台,放大器 1 台,单道 1 台,自动定标器 1 台,γ 放射源 ^{60}Co 或 ^{137}Cs 1 个。

四、实验内容

① 在相同条件下,对某放射源或者环境本底进行重复测量,画出放射性计数的频率直方图,并与理论正态分布曲线作比较。

② 在相同条件下,对本底进行重复测量,画出本底计数的频率分布图,并与理论泊松分布图作比较。

③ 用 χ^2 检验法检验放射性计数的统计分布类型。

五、实验步骤

① 按图 2.1-1、图 2.1-2 连接各仪器设备,按照要求为探测器加高压。
② 利用示波器,合理设置放大器和单道参数,用自动定标器的自检信号检验仪器是否处于正常工作状态。
③ 对于环境本底 γ 射线或者放射源,在固定实验条件下进行计数测量;重复进行至少 100 次以上的独立测量,每次测量时间不少于 1.5 min。
④ 做出这些数据的分布,并计算出这组数据的平均值和标准偏差。
⑤ 实验结束,探测器降高压,然后关机箱,关电源。

六、思考题

1. 什么是放射性原子核衰变的统计性?它服从什么规律?
2. σ 的物理意义是什么?以单次测量值 N 来表示放射性测量值时,为什么是 $N\pm\sqrt{N}$?其物理意义是什么?
3. 为什么说以多次测量结果的平均值来表示放射性测量值时,其精确度要比单次测量值高?

2.2 平方反比定律实验

一、实验目的

① 学会用最小二乘法拟合实验数据,验证距离平方反比定律;
② 掌握谱仪放大器等核电子学插件的使用;
③ 理解外照射防护中距离防护的原理。

二、实验原理

日常生活中,人们无处不在接触电离辐射,例如常见的 α、β、γ 射线,中子以及宇宙射线。射线对人的身体危害极大,因此人们时常"谈核色变",引起恐慌心理。了解辐射强度与距离之间的关系,有助于人们正确认识放射性,更好地利用射线造福人类;而且,利用它们之间的关系,可以在辐射防护方面正确估算辐射剂量大小,得到屏蔽体的厚度,这在工、农、环境等方面具有重要意义。

1. 射线强度随距离的变化关系

设有一点源(指源的线度与源到观察点的距离相比很小),向各方向均匀地发射 γ 光子。若单位时间发射的光子数为 N_0,则在以点源为球心、R 为半径的球面上,单位时间内将有 N_0 个光子穿过(假设空间内无辐射吸收与散射等)。因此,在距离源 R 处,单位时间、单位面积上通过的 γ 光子数为

$$I = \frac{N_0}{4\pi R^2} = \frac{C}{R^2} \tag{2.2-1}$$

式中，$C=\dfrac{N_0}{4\pi}$。对于一定活度的源，C 是常数，由此可见，$I\propto\dfrac{1}{R^2}$，此即为距离平方反比律。

显然，在测量中，当探测器的灵敏体积始终位于源对探测器所张的立体角内时，测得的净计数率 n 也应与 R^2 成反比，即有

$$n=\frac{C'}{R^2} \qquad (2.2-2)$$

式中，C' 为常数。因此，验证平方反比律的问题在实验上就归结为测量 n 与 R 的关系。

2. 按照实验精度要求合理分配计数时间

在每次测量的计数中都包括本底计数，而且在本实验中，随着距离 R 的不同，本底计数在测量的计数中所占的比例也不同。设在 t_S 时间内测得源加本底的总计数为 N_S；在 t_b 时间内测得本底计数为 N_b，则源的净计数率 n 为

$$n=n_S-n_b=\frac{N_S}{t_S}-\frac{N_b}{t_b} \qquad (2.2-3)$$

式中，n_S、n_b 分别为有源时的计数率和本底计数率。

根据误差传递公式，净计数率 n 的标准误差 σ_n 及相对误差 ν_n 分别为

$$\sigma_n=\sqrt{\frac{n_S}{t_S}+\frac{n_b}{t_b}} \qquad (2.2-4)$$

$$\nu_n=\sqrt{\frac{n_S}{t_S}+\frac{n_b}{t_b}}\bigg/(n_S-n_b) \qquad (2.2-5)$$

为了减小 n 的误差，应增加 t_S 与 t_b。可以证明，当总测量时间 $t=t_S+t_b$ 一定时，在 t_S 与 t_b 间作适当分配，将获得最小的测量误差。这个最佳时间分配可根据 $\dfrac{\mathrm{d}\sigma_n}{\mathrm{d}t_b}=0$ 求出，其结果为

$$\frac{t_S}{t_b}=\sqrt{\frac{n_S}{n_b}} \qquad (2.2-6)$$

将式（2.2-6）代入式（2.2-5）中，令 $r=\dfrac{n_S}{n_b}$，$t=T$，可得到最佳时间分配下测量结果的相对方差：

$$\nu_{n\min}^2=\frac{(1+\sqrt{r})^2}{Tn_b(r-1)^2}=\frac{Q}{T} \qquad (2.2-7)$$

其中优质因子

$$Q=\frac{(1+\sqrt{r})^2}{n_b(r-1)^2} \qquad (2.2-8)$$

在本实验中，源的净计数率 n 随间距 R 的增加而快速衰减，本底计数率 n_b 随 R 的变化则不大。因此，对应于不同的 R，n_S 与 n_b 的比例将不同，需要适当调整测量时间以获得足够的统计量。

三、实验装置

图 2.2-1 所示为本实验装置方框图。实验由放射源、NaI(Tl)闪烁探测器、谱仪放大器、高压电源和计算机多道脉冲幅度分析器构成。本实验选用 ^{60}Co 放射源、NaI(Tl)闪烁探测器

测量 γ 射线；高压电源用于给光电倍增管提供电压，使其正常工作；谱仪放大器对输入的脉冲进行放大，使得脉冲的幅度符合后面多道脉冲幅度分析器的要求；多道脉冲幅度分析器把输入的脉冲幅度转换成道数，并显示在计算机屏幕上，以便对测量的能谱进行分析和标定。

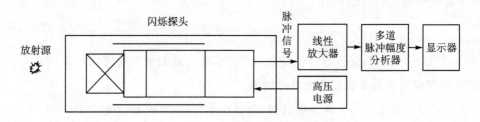

图 2.2-1 本实验装置方框图

四、实验步骤

① 按照实验装置图 2.2-1 连接好各个实验仪器。用示波器观察脉冲信号，改变光电倍增管电压，用多道脉冲幅度分析器测量计数，测量电压-计数曲线，确定光电倍增管的最佳工作电压。

② 测量放射源与探测器之间在某距离下的单位时间出射的 γ 粒子总计数率 n_S，并测得在此距离下单位时间的本底计数率 n_b。

③ 基于测量结果的相对方差 1.5%，结合式(2.2-6)和式(2.2-7)计算有源和本底的测量时间。

④ 开始正式测量，按照步骤③的时间，测量有源时的计数率 n_S、本底计数率 n_b，则净计数率 $n = n_S - n_b$。

⑤ 改变放射源与探测器之间的距离，可分别得到对应的净计数率 n。

⑥ 对实验数据进行分析：为验证 $n = \dfrac{C'}{R^2}$，可先假设

$$n = \frac{C'}{R^m} \tag{2.2-9}$$

式中，C'、m 为待定常数。如果根据实验数据定出的 $m=2$，则平方反比律得以验证。为了便于求解 m，对式(2.2-9)两端取对数：

$$\log n = \log C' - m \log R \tag{2.2-10}$$

令 $y = \log n$，$x = \log R$，则 y 与 x 呈线性关系：

$$y = ax + b \tag{2.2-11}$$

式中，$b = \log C'$，$a = -m$。如图 2.2-2 所示，这个函数代表一条直线，求得该直线的斜率 a 便知 m。

在实验中，对于某距离 R，测得 n_i，相应得到 x_i、y_i（$i = 1, 2, 3, \cdots, k$）。根据这 k 个点的测量数据，用线性最小二乘法求解 a 和 b，可得到 m 的值。

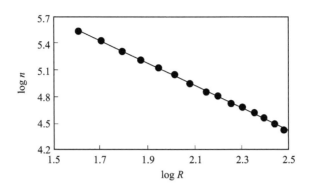

图 2.2-2 用最小二乘法处理的实验结果

五、思考题

1. 在本实验中,放射源是否需要准直?为什么?对实验测量精度会有什么影响?
2. 当每次改变探测器与放射源的距离时,是否需要重新测量本底计数?
3. 本实验中,按照实验精度的要求,如何合理分配本底和有源计数时间?
4. 如果本实验用 α 源或者 β 源,其强度随距离变化的规律是否还遵守平方反比关系?
5. 本实验是否可以用 G-M 计数器、塑料闪烁体探测器、碘化铯(CsI)闪烁探测器?

第 3 章 射线与物质相互作用的实验

深入了解射线与物质相互作用机制及射线穿过物质时发生的有关现象,对了解各种射线探测器的响应特性和各种材料对射线的阻止作用,以及对分析核物理实验测量结果,都是非常有用的。因此,射线与物质相互作用方面的实验和知识,是核物理实验工作者和从事粒子束研究与应用方面的工作者必须深入了解和熟练掌握的内容。此部分实验是辐射探测的基础、认识微观世界的基本手段,也是辐射防护方式和屏蔽材料选择的基础。

本章安排了三个实验:一是 α 粒子的能量损失实验,了解重带电粒子与物质相互作用,以及能量损失形式;二是 β 射线在铝膜中的吸收研究实验,了解射线与物质相互作用,以及射线的屏蔽;三是 γ 射线的吸收,了解射线与物质相互作用,以及射线的屏蔽。通过本章实验,能够使实验核物理工作者和从事载能粒子束研究与应用工作者深入了解和熟练掌握射线与物质相互作用方面的基础知识和实验测量。

3.1 α 粒子的能量损失实验

一、实验目的

① 了解 α 粒子通过物质时的能量损失及其规律。
② 学习从能量损失测量求薄膜厚度的方法。

二、实验原理

天然放射性物质放出的 α 粒子,能量范围是 3~8 MeV。在这个能区内,α 粒子的核反应截面很小,因此可以忽略。α 粒子与原子核之间虽然有可能产生卢瑟福散射,但概率较小。它与物质的相互作用主要是与核外电子的相互作用。α 粒子与电子碰撞,将使原子电离、激发损失能量。在一次碰撞中,具有质量 m、能量 E 的带电粒子,转移给电子(质量为 m_0)的最大能量约为 $4Em_0/m$。α 粒子的质量比电子大很多,所以每碰撞一次,只有总能量的一小部分转移给了电子。只有当 α 粒子通过吸收体并经过多次碰撞后,才会损失较多能量。每碰撞一次,α 粒子的运动方向基本上不发生偏转,因此它的径迹是直线。带电粒子吸收体内单位长度上的能量损失称为线性阻止本领,用 S 表示,$S = -\dfrac{dE}{dx}$。用 S 除以吸收体单位体积内的原子数 N 可得到阻止截面,用 Σ_e 表示,$\Sigma_e = -\dfrac{1}{N}\dfrac{dE}{dx}$。对于非相对论性 α 粒子($v \ll c$),线性阻止本领用下式表示:

$$-\frac{dE}{dx} = \frac{4\pi z^2 e^4 NZ}{m_0 v^2} \ln \frac{2m_0 v^2}{I} \tag{3.1-1}$$

式中,z 为入射粒子的电荷数;Z 为吸收体的原子序数;e 为电子电荷;v 为入射粒子的速度;N

为单位体积内的原子数；I 为吸收体中原子的平均激发能。对数项随能量的变化是缓慢的，因此式(3.1-1)可近似表示为

$$\frac{\mathrm{d}E}{\mathrm{d}x} = -\frac{常数}{E} \tag{3.1-2}$$

当能量为 E_1 的带电粒子，穿过厚度为 Δx 的薄吸收体后，能量变为 E_2，能量变化可表示为

$$\Delta E = E_1 - E_2 = -\left(\frac{\mathrm{d}E}{\mathrm{d}x}\right)_{平均} \Delta x \tag{3.1-3}$$

式中，$\left(\frac{\mathrm{d}E}{\mathrm{d}x}\right)_{平均}$ 为平均能量 $\frac{E_1+E_2}{2}$ 的线性阻止本领。如果测定了 α 粒子通过薄膜后的能量变化为 ΔE，则利用式(3.1-3)可以求出薄膜的厚度，即

$$\Delta x = \frac{\Delta E}{-\left(\frac{\mathrm{d}E}{\mathrm{d}x}\right)_{平均}} \tag{3.1-4}$$

当 α 能量损失比较小时，式(3.1-4)中的阻止本领可用入射能量 E_1 时的值；当吸收体比较厚时，α 粒子的能量在透过吸收体后将会有很大变化，这时必须考虑阻止本领随能量的变化。式(3.1-4)应表示为

$$\Delta x = \sum_{E_1}^{E_2} \frac{\delta E}{-\left(\frac{\mathrm{d}E}{\mathrm{d}x}\right)_E} \tag{3.1-5}$$

式中，δE 可取 10 keV，在该范围内，将 S 看作常量。

能量在 1 keV～10 MeV 之间的 α 粒子在铝中的阻止截面，可用经验公式表示为

$$\Sigma_e = \frac{A_1 E A_2 \cdot \frac{A_3}{E/1\,000} \ln\left(1 + \frac{A_4}{E/1\,000} + \frac{A_5 E}{1\,000}\right)}{A_1 E A_2 + \frac{A_3}{E/1\,000} \ln\left(1 + \frac{A_4}{E/1\,000} + \frac{A_5 E}{1\,000}\right)} \tag{3.1-6}$$

式中，A_1、A_2、A_3、A_4、A_5 均为常数，如表 3.1-1 所列。

表 3.1-1　低能 α 粒子阻止截面的系数(固体)

靶	A_1	A_2	A_3	A_4	A_5
H	0.966 1	0.412 6	6.92	8.831	2.582
C	4.232	0.387 7	22.99	35	7.993
O	1.766	0.526 1	37.11	15.24	2.804
Al	2.5	0.625	45.7	0.1	4.359
Ni	4.652	0.457 1	80.73	22	4.952
Cu	3.114	0.523 6	76.67	7.62	6.385
Ag	5.6	0.49	130	10	2.844
Au	3.223	0.588 3	232.7	2.954	1.05

α 粒子的能量 E 以 keV 为单位，Σ_e 以 eV/10^{15} cm^{-2} 为单位。对于化合物，它的阻止本领由布拉格相加规则得到，即

$$-\left(\frac{\mathrm{d}E}{\mathrm{d}x}\right)_c = \frac{1}{A_c}\sum_i Y_i A_i \left(\frac{\mathrm{d}E}{\mathrm{d}x}\right)_i \quad [\mathrm{keV}/(\mu\mathrm{g} \cdot \mathrm{cm}^{-2})] \tag{3.1-7}$$

式中，Y_i、A_i 分别为化合物分子中第 i 种原子的数目和原子量；$A_c = \sum_i Y_i A_i$ 为化合物的分子量。

利用已知的阻止截面值，通过 α 粒子在薄膜中能损的测量，可以测定薄膜的厚度。α 粒子的能量可用多道脉冲幅度分析器测量。

三、实验装置及仪器设备

图 3.1-1 所示为测量 α 粒子能量损失的实验装置方框图。

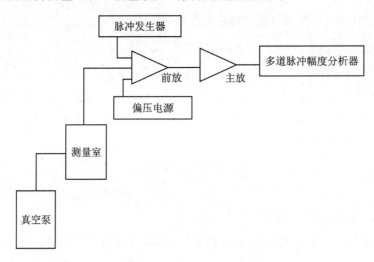

图 3.1-1 测量 α 粒子能量损失的实验装置方框图

本实验用精密脉冲发生器 1 个，电荷灵敏放大器 1 个，300 V 电源，线性放大器 1 个，多道脉冲幅度分析器 1 个，定标器 1 个，α 探头架 1 个，真空泵 1 台，微居（μCi）级 α 放射源 ^{241}Am 和 ^{239}Pu 各 1 个，待测铝膜及 Mylar 膜数片。

四、实验内容

① 测量 ^{241}Am 的 α 粒子能谱，并作能量刻度。
② 测量 ^{241}Am 的 α 粒子通过铝膜及 Mylar 薄膜后的能谱。
③ 根据所测的能谱确定峰位、半宽度及 α 粒子通过待测样品后的能量损失，计算阻止本领 $\left(\frac{\mathrm{d}E}{\mathrm{d}x}\right)_{平均}$ 及薄膜的厚度（$\mu\mathrm{g}/\mathrm{cm}^2$）。

五、实验步骤

① 按图 3.1-1 所示连接好仪器，真空室内安放好放射源并抽成真空。调节线性放大器的放大倍数，使 ^{241}Am 的 α 峰位在 400 道附近，测量 ^{241}Am 的 α 能谱。
② 调节精密脉冲发生器的幅度，使放大器的输出幅度在 ^{241}Am 的峰位附近，记下发生器的幅度及多道脉冲幅度分析器上峰位的道数，然后减小发生器的幅度；在 ^{239}Pu 源的峰位附近

再测一点,逐渐减小幅度再测若干点,得到发生器幅度-道数校正曲线。

③ 在源和探测器之间安放待测薄膜样品,测量能谱,使得峰面积下计数约为 5×10^4。

⑤ 应用式(3.1-6)计算铝的阻止截面 Σ_e,应用式(3.1-4)计算铝膜的质量厚度($\mu g/cm^2$)。^{241}Am α 粒子的能量可以查阅衰变纲图。

六、思考题

1. 定性讨论 α 粒子穿过吸收体后能谱展宽的原因。
2. 设阻止本领为 $[S]$,薄膜厚度为 Δx,计算 α 粒子倾斜入射,与表面法线的夹角为 4°、6° 时能量损失是多少?
3. 探测器镀金层厚 10 nm,计算 ^{241}Am 的 α 粒子进入灵敏区时的能量。已知金的密度为 19.31 g/cm³,阻止本领 $dE/dx = 0.228 \text{ keV}/(\mu g \cdot cm^{-2})$。
4. 根据测到的 Mylar 膜($C_{10}H_8O_4$)的能量损失计算它的厚度。已知 Mylar 膜密度 $\rho = 1.395$ g/cm³。
5. 根据测到的铝膜能量损失,如果考虑 S 的变化,用式(3.1-5)计算厚度。

3.2 β 射线在铝膜中的吸收研究实验

一、实验目的

① 了解 β 射线与物质相互作用的原理。
② 了解 β 射线穿过物质时的能量损失及其规律。

二、实验原理

当射线与物质相互作用时会对生物组织产生破坏和损伤,因此需要进行防护。β 射线与物质相互作用时主要通过电离效应、辐射效应和多次散射等方式损失能量。当 β 射线穿过物质时,由于 β 射线与物质发生相互作用,会使得 β 射线强度减弱,这种现象称为 β 射线的吸收。

实验证明,物质对 β 射线的吸收过程比较复杂。当吸收体的厚度大于电子在吸收体中的最大射程时,吸收曲线可近似地用指数规律来表示:

$$I = I_0 e^{-\mu x} \quad \text{或} \quad I = I_0 e^{-\mu_m x_m} \tag{3.2-1}$$

式中,I_0 和 I 分别为电子穿过吸收物质前、后的 β 射线强度;μ 为吸收物质的线性吸收系数;x 为吸收物质的吸收厚度;x_m 为吸收物质的质量厚度,g/cm²,$x_m = x\rho$;μ_m 为吸收物质的质量吸收系数,cm²/g,$\mu_m = \mu/\rho$,ρ 为吸收物质密度。对于铝,有以下经验公式:

$$\mu_m = \frac{17}{E_{\beta_{max}}^{1.14}} \tag{3.2-2}$$

式中,$E_{\beta_{max}}$ 为 β 射线最大能量,MeV,其适用的能量范围为 0.15~3.5 MeV。

一般而言,电子能量是连续的,而吸收曲线与单能电子的吸收曲线有明显的不同,参考文献上给出的大部分经验公式是利用电子最大能量得到的,故需要进一步研究单能电子的情况。本实验利用磁谱仪对 ^{90}Sr-^{90}Y 放射源产生的 β 射线进行偏转筛选,得到单能的电子束,研究其穿过不同厚度铝膜的情况,得到拟合公式。

三、实验方法

图 3.2-1 所示为本实验装置示意图。^{90}Sr-^{90}Y 放射源产生的连续 β 射线经过磁谱仪进行偏转,不同能量的 β 射线将沿着不同半径的轨迹运动,在某一轨迹下就可以出射准单能的电子束,我们研究它在不同厚度铝膜中的吸收情况。在实验中对穿透铝膜的电子用 NaI(Tl) 闪烁谱仪进行测量。该谱仪由 NaI(Tl) 闪烁体探测器、高压电源和多道脉冲幅度分析器组成。

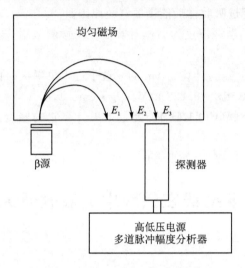

图 3.2-1 本实验装置示意图

对式(3.2-1)两边取对数,得到

$$\ln I = \ln I_0 - \mu_m x_m \tag{3.2-3}$$

在相同实验条件下,某一时刻的计数值 N 总是与该时刻的 β 射线辐射强度 I 成正比,因此式(3.2-3)也可以表示为

$$\ln N = \ln N_0 - \mu_m x_m \tag{3.2-4}$$

显然,$\ln N$ 与 x_m 具有线性关系,斜率大小就是对应能量下电子在铝膜中的 μ_m。

在实验中,由于多道脉冲幅度分析器上得到的电子能量是道数,因此需要把道数和能量之间的关系定标出来。在实验中我们利用 ^{137}Cs 和 ^{60}Co 标准 γ 放射源,它们产生的 γ 射线能量分别是 0.662 MeV、1.17 MeV、1.33 MeV,对应的道数在多道脉冲幅度分析器上能够测量到,如此便可以定标出能量-道数的关系曲线。只要给出道数,就可以知道射线的能量。之后,在闪烁体探测器的前面累次加入铝膜,每加一次,在多道脉冲幅度分析器的能谱上就能得到计数、能量损失的数据。

四、实验仪器和实验测量

1. 实验仪器

① 磁谱仪 1 台;
② 放射源 ^{137}Cs、^{60}Co 和 ^{90}Sr-^{90}Y;
③ NaI(Tl) 闪烁探测器;
④ 主放大器、高压电源、多道脉冲幅度分析器、计算机;

⑤ 铝膜若干片。

2. 实验测量

由于实验中从磁谱仪偏转出来的 β 粒子要穿过 20 μm 的塑料闪烁膜和 NaI(Tl) 探测器中前表面封装的 220 μm 的铝膜,因此需要进行能量修正。利用线性插值法可以计算得到磁谱仪出射口处的 β 粒子能量。

(1) 能量与吸收系数之间关系的研究

实验中不同能量的 β 粒子得到的吸收系数实验数据和拟合结果如图 3.2-2 所示。按照图 3.2-2 的拟合结果,可以得到不同能量的 β 粒子对应的质量吸收厚度。

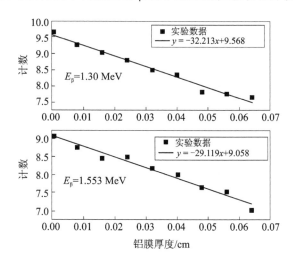

图 3.2-2 不同能量 β 粒子的计数随铝膜厚度变化的实验数据和拟合结果

将本实验得到的质量吸收系数和经验公式(3.2-2)得到质量吸收系数进行比较,确定实验测量的精度,从而研究 β 射线在铝膜中的吸收情况。

接着对 E_β、μ_m 作图并拟合,得到 $\mu_m - E_\beta$ 的关系式,与式(3.2-2)进行比较,确定实验结果的可信度,并说明得到的公式是否可用于 β 射线在铝吸收体中吸收系数的计算。

(2) 电子在铝膜实验中的能量损失与 Fluka 软件计算结果进行对比

Fluka 软件是基于蒙特卡罗方法的粒子输运模拟程序,可以处理多种高能粒子与材料的相互作用,在加速器工程、反应堆设计、探测器研究、防护设计等方面能发挥很大的作用。实验中测量不同能量的电子在不同厚度铝膜中的能量损失,利用 Fluka 软件计算电子在铝膜中的能量损失,将软件计算结果与实验测量结果进行对比,检验数据测量的准确性。

五、思考题

1. 相同能量的 β 粒子穿过铝和铅时,能量损失上有何不同?
2. 相同的 α 粒子和 β 粒子穿过铅时,能量损失上有何不同?
3. 在实验中,如果不用磁谱仪,对实验结果有何影响?如何测量 β 粒子穿过物质的射程?

3.3 γ射线的吸收

一、实验目的

① 了解 γ 射线与物质的相互作用过程;
② 测量 γ 射线在不同物质、不同能量时的吸收系数;
③ 了解 γ 射线在不同物质中的衰减规律,掌握辐射防护的基本知识。

二、实验原理

γ 射线在物质中具有较强的穿透本领。当能量小于 10 MeV 的 γ 光子穿过物质时,与吸收物质的原子主要发生光电效应、康普顿效应和电子对效应。与物质发生相互作用的 γ 光子就会消失,或者散射后能量发生变化,并偏离原来的入射方向。没有与物质发生作用的光子穿过吸收层,其能量保持不变。γ 射线穿过物质时,强度逐渐减弱,可用半吸收厚度来表示 γ 射线对物质的穿透情况。

γ 射线与物质发生三种主要相互作用都具有一定的概率,用截面 σ 这个物理量来表示作用概率的大小。因此有各种作用截面,光电效应截面 σ_{ph}、康普顿散射截面 σ_c 和电子对效应截面 σ_p,γ 射线与物质相互作用的总截面是这些部分截面之和,即

$$\sigma_\gamma = \sigma_{ph} + \sigma_c + \sigma_p \tag{3.3-1}$$

设有一束准直的单能 γ 射线,沿水平方向垂直通过吸收物质,如图 3.3 - 1 所示。

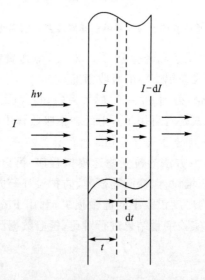

图 3.3 - 1 γ 射线通过物质时的吸收示意图

吸收物质单位体积中的原子数为 N,密度为 ρ,在 $t=0$ 处,γ 射线强度为 I_0。γ 射线通过吸收片时,要发生上述三种效应,所以 γ 射线强度将会减弱。在物质中 t 处的 γ 射线强度为 I,通过 dt 薄层后,其强度变化为 dI。按照截面定义 $\sigma = \Delta I / IN\Delta t$,应有下列关系:

$$-dI = \sigma_\gamma IN dt \tag{3.3-2}$$

式中,负号表示 γ 强度是沿 t 方向减少的;$-dI$ 表示受到原子的作用而离开原来入射 γ 束的光子数,是上述三种效应的截面之和。由式(3.3-2)可以得到

$$\frac{-dI}{I} = \sigma_\gamma N dt$$

解这个方程,并利用初始条件($t=0$ 时,$I=I_0$)得到

$$I = I_0 e^{-\sigma_\gamma N t} \tag{3.3-3}$$

由此可见,准直 γ 射线束通过吸收物质时,其强度的衰减遵循指数规律。令 $\mu = \sigma_\gamma N$,则式(3.3-3)可改写为

$$I = I_0 e^{-\mu t} \tag{3.3-4}$$

式中,μ 称为线性吸收系数,表示在单位路程上 γ 射线与物质发生三种相互作用的总概率,其单位为 cm^{-1}。若分别考虑每一种效应,则有相应的吸收系数:光电吸收系数 μ_{ph},康普顿吸收系数 μ_c 和电子对吸收系数 μ_p。总吸收系数 μ 为

$$\mu = \mu_{ph} + \mu_c + \mu_p \tag{3.3-5}$$

因为 $N = (\rho/A) N_A$,A 为原子质量数,N_A 为阿伏伽德罗常数,所以 $\mu = \sigma_\gamma (\rho/A) N_A$。可见 μ 与吸收物质的密度有关。由于三种效应的截面都是随入射 γ 射线能量 $h\nu$ 和吸收物质的原子序数 Z 而变化,因此吸收系数 μ 也就随 $h\nu$ 和 Z 而变化,$\mu_{ph} \propto Z^5$,$\mu_c \propto Z$,$\mu_p \propto Z^2$。

由于在相同的实验条件下,某一时刻的计数率 n 总是与该时刻的 γ 射线强度 I 成正比,因此 I 与 t 的关系也可以用 n 与 t 的关系来代替,即

$$I = I_0 e^{-\mu t}$$

可以化为 $n = n_0 e^{-\mu t}$,两边取对数得到

$$\ln n = \ln n_0 - \mu t \tag{3.3-6}$$

可见,如果在半对数坐标纸上绘制吸收曲线,那么这条吸收曲线就是一条直线,该直线的斜率绝对值就是线性吸收系数 μ。

三、实验装置

图 3.3-2 所示为本实验装置方框图。

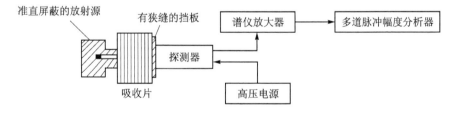

图 3.3-2 本实验装置方框图

本实验用 NaI(Tl)闪烁探测器,高压电源,谱仪放大器,多道脉冲幅度分析器,计算机,放射源 ^{137}Cs 和 ^{60}Co,铝、铁、铜和铅吸收片若干。

四、实验内容

① 测量 ^{137}Cs 的 γ 射线在一组吸收片(铝、铁、铜、铅)中的吸收曲线。
② 测量 ^{60}Co 的 γ 射线在铅吸收片中的吸收曲线。

③ 用最小二乘法直线拟合求线性吸收系数。
④ 对比不用物质中的吸收系数,以及同一物质中,不同能量 γ 射线下的吸收系数,了解吸收系数与物质原子序数和能量的相关性。

五、实验步骤

① 调整装置,使放射源、准直孔、探测器的中心处在一条直线上。
② 按照图 3.3-2 连接电子学仪器。
③ 为 NaI(Tl) 闪烁探测器提供合适的电压,启动计算机,打开多道脉冲幅度分析器数据获取软件。
④ 调整好 NaI(Tl) 闪烁探测器和 ^{137}Cs 放射源之间的距离,用游标卡尺测量铝吸收片的厚度,在探测器和放射源之间依次放入铝吸收片若干,用多道脉冲幅度分析器软件采集不同吸收片厚度下的全能谱,计算得到所选光电峰的净面积。
⑤ 重复步骤④,依次测量铁、铜、铅的吸收曲线。
⑥ 换用 ^{60}Co 放射源,重复步骤④,测量铅吸收片的吸收曲线。

六、实验数据处理

绘制测量计数 $\ln n$ 和吸收片厚度的关系图,如图 3.3-3 所示。对实验数据采用最小二乘法直线拟合,直线的斜率即为 γ 射线对物质的线性吸收系数。

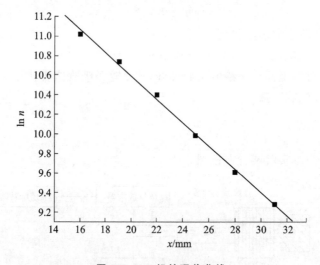

图 3.3-3 铅的吸收曲线

利用上面的分析方法,依次得到放射源 ^{137}Cs 的 γ 射线在铝、铁、铜、铅中的线性吸收系数,以及放射源 ^{60}Co 的 γ 射线在铅中的线性吸收系数。

七、思考题

1. 什么叫 γ 射线被吸收了?为什么说 γ 射线通过物质时没有确定的射程?
2. 什么样的几何布置条件才是良好的几何条件?
3. 本实验中的本底应如何测量?本底的误差如何考虑?

第 4 章 辐射探测器实验

辐射探测器按照所用的介质分为气体探测器、闪烁体探测器和半导体探测器。气体探测器由于制备简单、性能可靠、成本低廉、使用方便等,至今仍被广泛用作核辐射探测器。其中多丝正比室探测器探测带电粒子,具有效率高、空间分辨和时间分辨好等优点,在核物理实验、高能物理实验中以及医学和天文学等方面都有广泛应用。

本章内容包括:
- 多丝正比室(MWPC)实验的基本原理及技术要点。
- 在环境剂量监测方面常用到的高气压电离室实验。
- 利用 NaI、BaF_2 闪烁体探测器开展的实验,以及近几年新兴的 $LaBr_3$(溴化镧)闪烁体探测器实验和液体闪烁体探测器实验。
- 基于金硅面垒半导体探测器、高纯锗探测器,以及双面硅条探测器的实验。
- 新兴的多像素光子计数器(MPPC)实验。

4.1 NaI(Tl)闪烁谱仪实验

NaI(Tl)闪烁探测器是最常用的闪烁探测器之一,常用于进行 γ 射线等的测量。其优点是对 γ 射线的阻止本领大,发光效率高且透明度好,在核物理研究和放射性同位素测量中得到广泛的应用。本实验就是了解 NaI(Tl)闪烁谱仪的原理、特性与结构,掌握 NaI(Tl)闪烁谱仪的使用方法和能谱测量技术,学会 NaI 闪烁谱仪的应用。

一、实验目的

① 了解 γ 射线与物质的相互作用过程;
② 了解 NaI(Tl)闪烁谱仪的基本构成,以及各部分的功能;
③ 掌握 NaI(Tl)闪烁谱仪的基本操作,掌握 NaI(Tl)闪烁谱仪能谱的定标方法;
④ 测量 NaI(Tl)闪烁谱仪的能量分辨率和线性。

二、实验原理

1. γ 射线与物质的相互作用

γ 射线与物质的相互作用主要是光电效应、康普顿效应和电子对效应这三种过程。

(1) 光电效应

当 γ 光子与靶物质原子的束缚电子相互作用时,光子把全部能量转移给某个束缚电子,使之发射出去,而 γ 光子本身消失,这一过程称为光电效应。光电效应中发射出来的电子称为光电子。

在光电效应过程中原子吸收了光子的全部能量,其中一部分消耗于光电子脱离原子束缚所需的电离能(电子在原子中的结合能),另一部分作为光电子的动能。因此,释放出来的光电

子能量就是入射光子能量和该束缚电子所处壳层的结合能之差,即

$$E_e = h\nu - B_i$$

式中,$h\nu$ 是入射光子能量;E_e 是光电子的动能;B_i 是原子第 i 层电子的结合能,B_i 是已知的。如果入射光子是单能的,则产生的光电子是单能的,由光电子的动能可以确定 γ 光子的动能。根据动量守恒,自由电子(非束缚电子)不能发生光电效应。电子在原子中束缚越紧,发生光电效应的概率就越大,所以在 K 壳层上打出光电子的概率最大。γ 光子能量越低,靶物质的原子序数越大,电子在原子中束缚越紧,所以发生光电效应的概率越大。因此常选用高原子序数的材料来探测 γ 射线,以获得较高的探测效率。

(2) 康普顿效应

康普顿效应是指入射光子与原子的核外电子之间发生的非弹性碰撞过程,入射光子的一部分能量转移给电子,使它脱离原子成为反冲电子,而光子的运动方向和能量发生变化。

康普顿效应主要发生在束缚最松的外层电子上,由于外层电子的结合能很小,所以与入射光子能量相比可忽略。康普顿效应可认为是入射光子与处于静止状态的自由电子之间的弹性碰撞。康普顿效应与光电效应不同,光电效应中光子本身消失,把能量全部给光电子,而康普顿效应中光子只是损失部分能量;光电效应发生在束缚最紧的内层电子上,康普顿效应总是发生在束缚最松的外层电子上,可以认为是光子与处于静止状态的自由电子之间的弹性碰撞。应用相对论的能量和动量守恒定律,可得到散射光子的能量:

$$E'_\gamma = \frac{E_\gamma}{1 + \frac{E_\gamma}{m_0 c^2}(1 - \cos\theta)}$$

及反冲电子的动能:

$$E_e = \frac{E_\gamma^2 (1 - \cos\theta)}{m_0 c^2 + E_\gamma (1 - \cos\theta)}$$

式中,E_γ 是入射光子的能量;θ 是散射光子与入射光子方向之间的夹角。当 $\theta = 0°$ 时,光子没有能量损失,散射光子能量 $E'_\gamma = E_\gamma$,达到最大值,而反冲电子动能 $E_e = 0$。当 $\theta = 180°$ 时,入射光子与电子发生对心碰撞后,沿相反方向散射回来,而反冲电子沿入射光子方向出射,这种情况称为反散射。这时,散射光子能量为最小值:

$$E'_{\gamma\min} = \frac{E_\gamma}{1 + \frac{2E_\gamma}{m_0 c^2}}$$

而反冲电子的动能达到最大值:

$$E_{e\max} = \frac{E_\gamma}{1 + \frac{m_0 c^2}{2E_\gamma}}$$

根据计算,即使入射光子的能量变化较大,但反散射光子的能量都在 200 keV 左右。因此,可以看出,发生康普顿效应时,任何一种单能的 γ 射线所产生的反冲电子的动能都是连续分布的,在反冲电子的最大能量处,反冲电子数最多,在较低能量处,电子数大体相同。

(3) 电子对效应

当 γ 光子从原子核旁经过时,在原子核的库仑场作用下,γ 光子转化为一个正电子和一个

负电子,这种过程称为电子对效应。根据能量守恒定律,只有当入射光子能量大于 1.02 MeV 时,才能发生电子对效应,即

$$E_\gamma = E_{e^+} + E_{e^-} + 2m_0c^2$$

其中,$2m_0c^2 = 1.022$ MeV,是正负电子的静止质量。根据动量守恒,电子和正电子几乎都是沿着入射光子方向的前向角度发射的。入射光子能量越大,正负电子的发射方向越是前倾。电子对过程产生的正电子和电子,在吸收物质中通过电离损失和辐射损失消耗能量。正电子在吸收物质中慢化后,将发生湮灭,湮灭光子在物质中再发生相互作用。

由以上可知,这三种效应对于入射光子和吸收物质的原子序数都有一定的依赖关系,因此对不同的吸收物质和能量区域,这三种效应的相对重要性是不同的,如图 4.1-1 所示。由图可以看到,对于低能 γ 射线和高原子序数的吸收物质,光电效应占优势;对于中能 γ 射线和低原子序数的吸收物质,康普顿效应占优势;对于高能 γ 射线和高原子序数的吸收物质,电子对效应占优势。

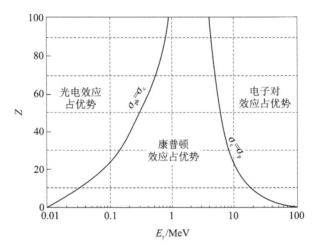

图 4.1-1 按入射光子能量和吸收物质原子序数表示的三种相互作用占优势区域

2. NaI(Tl)闪烁谱仪

闪烁探测器由闪烁体、光电倍增管和相应的电子仪器三个主要部分组成。闪烁探测器的工作可分为:① 射线进入闪烁体,与之发生相互作用,闪烁体吸收带电粒子能量而使原子、分子电离和激发;② 受激原子、分子退激时发射荧光光子;③ 利用反射物和光导将闪烁光子尽可能多地收集到光电倍增管的光阴极上,通过光电效应,在光阴极上将光子转化为光电子;④ 光电子在光电倍增管中倍增,在阳极上产生电信号;⑤ 对电信号用电子仪器记录和分析。

闪烁体按其化学性质可分为无机晶体闪烁体和有机闪烁体。无机晶体闪烁体通常是含有少量杂质("激活剂")的无机盐晶体,常用的有 NaI(Tl)、CsI(Tl)等;还有不掺杂的纯晶体,如 BGO、BaF$_2$ 等。有机闪烁体包括有机晶体闪烁体、有机液体闪烁体和塑料闪烁体。

(1) 闪烁体性能介绍

1) 发射光谱

闪烁体受到核辐射激发后发射的光并不是单色的,而是一个连续谱,发射强度随波长的分布称为发射光谱曲线,峰位处的波长称为发射光谱最强的波长。了解不同闪烁体的发射光谱,

主要是为了解决闪烁体与光电倍增管光谱响应的匹配问题。本实验用的 NaI(Tl)的发射光谱最强波长为 415 nm 左右,能与光电倍增管的光谱响应较好匹配,晶体透明性也很好,测量 γ 射线时能量分辨率也是闪烁体中较好的一种。

　　2) 发光效率

　　发光效率是指闪烁体将所吸收的射线能量转变为光的比例。通常为方便起见,用相对发光效率,一般以"蒽"作为标准,NaI(Tl)为 2.3。在核辐射探测时,希望闪烁体的发光效率越高越好,这时不仅输出脉冲幅度大,而且光子数目多,统计涨落就小,能量分辨率会改善。在能谱测量时,为了使线性好,还要求发光效率对核辐射的能量在相当宽的范围内为一常数。

　　另外,对入射粒子的组织本领要大,探测效率就会高。闪烁体的原子序数越大,密度越大,对入射粒子的组织本领也越大。本实验用的 NaI(Tl)晶体密度较大,而且高原子序数的碘的质量分数为 85%,所以对 γ 射线的探测效率特别高。

　　3) 发光衰减时间

　　闪烁发光时间包括闪烁脉冲的上升时间和衰减时间,前者时间很短,可忽略不计,后者与闪烁体的种类相关。发光衰减时间有快、慢成分,根据入射粒子种类不同而变化,基于此特性,利用电子学技术选取快、慢成分进行粒子鉴别。

　　本实验用的 NaI(Tl)晶体的缺点是容易潮解,吸收空气中水分后会变质失效,所以使用时都是装在密封的金属盒中。圆柱形的 NaI(Tl)晶体和光电倍增管的玻璃面通过硅脂耦合,晶体四周和底面有光反射层,可以使晶体中发射的光经反射后大部分进入光电倍增管。它的外壳为金属铝。

　　闪烁体探测器包括 NaI(Tl)单晶闪烁体、光电倍增管和相应电子学。

　　探测器工作过程:γ 射线透过探头端面(入射窗),被 NaI(Tl)闪烁体吸收;吸收的 γ 射线在闪烁体中沉积能量,致使闪烁体发出荧光;光子被吸收到闪烁体的光窗面,通过闪烁体与 PMT 间的光学耦合,光子在光电倍增管的光阴极上产生光电子;光电子在光电倍增管内进行倍增,并收集到阳极上,输出电信号。

　　(2) 光电倍增管

　　进入光电倍增管的光子在光阴极上发生光电效应,在光阴极上打出光电子。光电子经电子光学输入系统加速、聚焦后射向第一打拿极,每个光电子在打拿极上打出几个电子。这些电子射向第二打拿极,经倍增后射向第三打拿极,直到最后一个打拿极。最后射向阳极的电子数目很多,阳极把所有电子收集起来,转变为电信号输出。

　　光阴极一般是在真空中把阴极材料蒸发在光学窗的内表面上。光学窗有两种:硼玻璃窗和石英窗,前者适用可见光,后者可透过紫外光。光电倍增管中各电极的电位由外加电阻分压器抽头供给,使用正高压电路和负高压电路,所加电压根据说明书指示或者根据不同用途及管子的性能予以考虑。图 4.1-2 所示使用的是正高压电路,所需高压由高压电源来提供。

　　在 NaI(Tl)闪烁探测器中,为了实现阻抗匹配,即探测器和谱仪放大器之间的阻抗匹配,需要在两者之间加入射极跟随器(在阳极后端连接射极跟随器),如图 4.1-2 所示,因为一般探测器输出阻抗大,谱仪放大器的输入阻抗小。射极跟随器就是电压负反馈电路,输入阻抗大,输出阻抗小,不起放大作用。这样光电倍增管阳极输出的脉冲经射极跟随器输出给谱仪放大器。

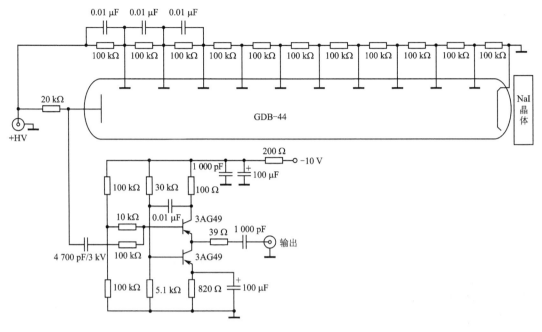

图 4.1-2 闪烁探头电路图

（3）能量分辨率

在测量的粒子能量分布曲线中，对于一个测量峰，其极大值一半处的宽度称为半高宽（FWHM），或用 ΔE 表示，如图 4.1-3 所示。能量分辨率定义为

$$\eta = \frac{\Delta E}{E} \times 100\%$$

式中，E 为峰中心能量。

影响能量分辨率的主要因素有：① 同一能量的粒子在闪烁体中产生的光子数目不同；② 粒子的入射位置不同，闪烁体发出的光到达光阴极的收集效率不同；③ 光阴极发射的光电子数和光电倍增管的倍增系数都存在统计涨落；④ 光电倍增管的噪声叠加在粒子脉冲信号上，引起涨落。

通常 NaI(Tl) 闪烁谱仪的能量分辨率用 ^{137}Cs 源-0.662 MeV γ 的全能峰处的半高宽（FWHM）除以峰位道数来表征，一般为 6%～8%。

NaI(Tl) 探头能量分辨率与 γ 能量满足 $\eta \propto \dfrac{1}{\sqrt{E}}$，即随着 γ 能量的增加，分辨率越来越好，两边取对数有

$$\ln \eta = -\frac{1}{2} \ln E_\gamma + 常数$$

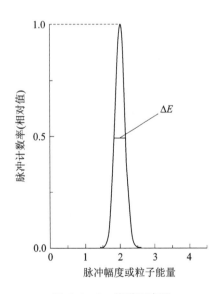

图 4.1-3 能谱示意图

实验发现，能量分辨率对数 $\ln \eta$ 和 $\ln E_\gamma$ 保持线性关系。用各种能量的 γ 源对 NaI(Tl)

测量的能量分辨率如图 4.1-4 所示。

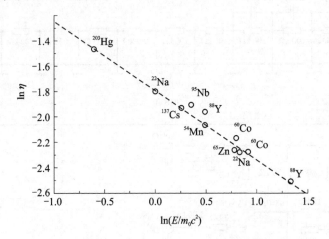

图 4.1-4　NaI(Tl)闪烁 γ 谱仪的能量分辨率和能量关系

(4) 能量刻度

能量线性指谱仪对入射 γ 射线的能量和产生的脉冲幅度之间的对应关系。一般而言，NaI(Tl)闪烁谱仪在较宽的能量范围内(100~1 300 keV)是近似线性的。这是利用该谱仪进行射线能量分析与判断未知放射性核素的重要依据。通常，在实验上，利用系列 γ 标准源，在确定的实验条件下分别测量系列源 γ 谱。根据已知 γ 射线能量全能峰峰位对应的能量作图，这条曲线就是能量刻度曲线，即

$$E(x) = kx + E_0$$

式中，x 为全能峰峰位；E_0 为直线截距；k 为增益，即每伏或每道相应的能量。能量刻度可选用标准源 ^{137}Cs(662 keV)和 ^{60}Co(1.17 MeV、1.33 MeV)。实验中，欲得到较理想的线性，还需要注意放大器和多道脉冲幅度分析器的线性，进行必要的检验与调整。此外，实验条件变化时，应重新进行刻度。

三、实验装置

如图 4.1-5 所示为本实验装置方框图，由 NaI(Tl)闪烁探头、线性放大器、高压电源、示波器和多道脉冲幅度分析器组成。

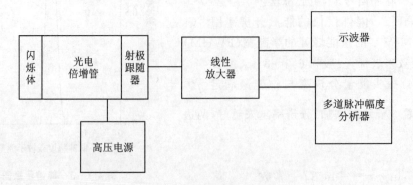

图 4.1-5　本实验装置方框图

线性放大器：一般光电倍增管阳极负载上电压脉冲幅度为 10 mV 至数百 mV，为了和脉冲幅度分析器的分析电压范围相匹配，一般电压脉冲幅度为 0.1～10 V，因此脉冲幅度需要放大。调节放大器的放大倍数，使脉冲幅度在这一范围内；另外，放大器的线性要求良好，输出和输入的脉冲幅度能成比例放大。

高压电源：为光电倍增管提供高压。因为高压变化对脉冲幅度影响很大，直接影响能量的测量，因此要求高压电源稳定性好。

多道脉冲幅度分析器：对不同幅度的脉冲进行计数，测量可得到整个能谱曲线，如图 4.1-6 所示。图上有 3 个峰和 1 个平台。最右边的峰 A 是全能峰，直接反映 γ 射线的能量；峰 C 是反散射峰，是 γ 光子与闪烁体周围的物质发生康普顿效应时，反散射光子返回闪烁体的能量，通过光电效应被记录；峰 D 是 X 射线峰，是 ^{137}Cs 源经 β 衰变到 ^{137}Ba 的激发态上，在放出内转换电子后，造成 K 层空位，外层电子跃迁后产生的 X 射线；平台 B 是康普顿效应的贡献，是散射光子逃逸后留下的连续的电子谱。

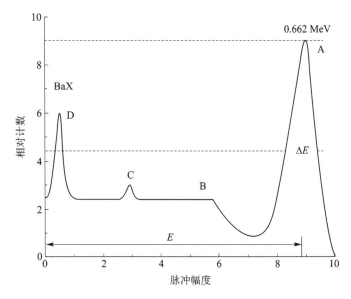

图 4.1-6　NaI(Tl)闪烁谱仪测量的 ^{137}Cs 源 γ 能谱

四、实验内容

① 调整 NaI(Tl)闪烁谱仪参数，选择并固定最佳工作条件。

② 测量 ^{137}Cs、^{60}Co 等标准源的 γ 能谱，确定 NaI(Tl)闪烁谱仪的能量分辨率、刻度能量线性，并对能谱进行谱形分析。

③ 测量一系列标准源的 γ 能谱，分析能量分辨率与射线能量的关系。

④ 测量未知源的 γ 能谱，并确定各条 γ 射线的能量。

五、实验步骤

① 按照图 4.1-5 连接好实验仪器，用高压电源给 NaI(Tl)探测器加电压，用示波器观察标准源 ^{137}Cs 和 ^{60}Co 的脉冲波形，调节并固定光电倍增管的高压。

② 调节线性放大器的放大倍数,使 ^{137}Cs 源 662 keV 的 γ 射线的全能峰落在合适的位置上,测量它的全能谱及本底谱。

③ 改变线性放大器的放大倍数,使标准源 ^{137}Cs 和 ^{60}Co 的全能峰合理地分布在多道脉冲幅度分析器测量的能谱范围内,依次测量这两个 γ 源的能谱。

④ 放入 ^{22}Na 源,测量其 γ 能谱,结合步骤③测量的能谱,分析能量分辨率和能量的关系。

⑤ 在步骤③的实验条件下,测量未知 γ 源能谱。

⑥ 实验结束前,再重复测量 ^{137}Cs 源 662 keV γ 射线的全能峰,以此检验 NaI(Tl)闪烁谱仪的稳定性。

六、思考题

1. 如何从示波器上观察到的 ^{137}Cs 脉冲波形图判断谱仪能量分辨率的好坏?

2. 在测得的 ^{137}Cs 源 γ 射线全能峰峰位处,作一垂线为对称轴,会观察到对称轴低能边计数明显地多于高能边的计数,分析全能峰不完全对称的原因。

3. 实验测量的 ^{60}Co 能谱中,为什么 1.17 MeV 的全能峰计数会明显高于 1.33 MeV 的全能峰计数?

4. 能否直接从 ^{60}Co 能谱的 1.17 MeV 这条 γ 射线的能量分辨率求出其全能峰半宽度?

5. 有一单能 γ 源,能量为 2 MeV,试预测其谱形。

4.2　$LaBr_3$ 探测器实验

一、实验目的

① 了解 $LaBr_3$(溴化镧)探测器的基本性能;

② 了解 $LaBr_3$ 探测器的工作原理及其使用;

③ 掌握用 $LaBr_3$ 探测器测量 γ 能谱;

④ 掌握时间分辨测量方法和基本数据处理。

二、实验原理

1. $LaBr_3$ 闪烁探测器简介

$LaBr_3$ 探测器是近年来出现的一种新型无机闪烁体探测器。它是由 $LaBr_3$ 掺杂少量的铈(Ce)元素组成的。掺 Ce 的溴化镧单晶($LaBr_3:Ce_3^+$)是性能优异的闪烁体材料,具有比碘化钠、掺铈氯化镧等更为优异的闪烁性能。与 NaI(Tl)闪烁体探测器相比,$LaBr_3$(Ce)探测器最大的优势是它具有很好的能量分辨率和极短的闪烁衰减时间。此外,$LaBr_3$(Ce)探测器性能很稳定,受温度变化影响小,在 0~50 ℃ 范围内,光输出变化小于 1%。$LaBr_3$(Ce)探测器因其出色的优点,被广泛用于核物理飞行时间谱学、核医学仪器以及众多核工业仪表中。

由于在 $LaBr_3$(Ce)晶体中含有少量的 ^{138}La 同位素。自然界的镧元素中,0.088 81(71)% 的丰度以 ^{138}La 的形式存在。^{138}La 本身为放射性核素,寿命为 $1.02(1)\times10^{11}$ 年。^{138}La 的衰变方式有 $β^-$、$β^+$ 和电子俘获(EC)三种,衰变纲图如图 4.2-1 所示。母核 ^{138}La 通过 $β^-$ 衰变过程

放出最高能量为 255.3 keV 的 β 射线，生成处于激发态的子核 ^{138}Ce，它再从激发态向基态跃迁，放出能量为 788.7 keV 的 γ 射线。在发生 $β^+$ 和 EC 衰变的过程中，^{138}La 衰变为处于激发态的子核 ^{138}Ba，接着 ^{138}Ba 退激回到基态，释放能量为 1 435.7 keV 的 γ 射线。在 EC 衰变过程中，由于电子俘获，在核外电子轨道上产生了一个空位，外层的电子在依次填补的过程中释放出能量约为 32 keV 的 X 射线。788.7 keV 和 1 435.7 keV 这两个 γ 射线无疑会使 700～1 500 keV 区间的能谱测量复杂化。LaBr$_3$(Ce) 探测器中的另一主要杂质为锕系同位素 ^{227}Ac 以及它的 α 衰变子核，这些衰变发射的 α 粒子能量在 5～7 MeV 之间，这也会影响 1 500 keV 之上的 γ 射线探测和标定。

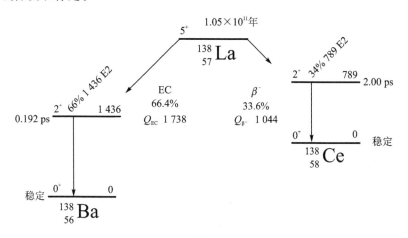

图 4.2 - 1 ^{138}La 的衰变纲图

对于 LaBr$_3$(Ce) 单晶闪烁体而言，其发射光谱最强的波长是 380 nm。其强度反映了进入闪烁体内的带电粒子能量大小，选择适当大小的闪烁体，可以使这些光子射出闪烁体即可被探测到。LaBr$_3$(Ce) 探测器包括 LaBr$_3$(Ce) 单晶闪烁体、光电倍增管和相应电子学仪器。LaBr$_3$(Ce) 探测器的工作过程和 NaI(Tl) 闪烁探测器相似：γ 射线透过探头端面（入射窗），被 LaBr$_3$(Ce) 闪烁体吸收；被吸收的 γ 射线在 LaBr$_3$(Ce) 闪烁体中沉积能量，致使 LaBr$_3$(Ce) 闪烁体发出荧光；光子被吸收到 LaBr$_3$(Ce) 闪烁体的光窗面，通过 LaBr$_3$(Ce) 闪烁体与光电倍增管（PMT）间的光学耦合，光子在光电倍增管的光阴极上产生光电子；光电子在光电倍增管内进行倍增，并收集到阳极上，输出电信号。

2．时间分辨率

核事件的许多信息是以时间信息方式存在于核辐射探测器输出信号中，例如核的激发态寿命、正电子湮灭寿命等，就是一个核态与另一个核态之间的时间关系。它表现为两个信号之间的时间间隔的分布。另外，中子或其他粒子的能量可以表现为它们飞跃一定距离所需的飞行时间。因此，为了研究上述这些核事件的性质，必须对探测器输出信号所携带的时间信息进行分析。

时间分辨率是指能区分两个时间信号的最小时间间隔，它是衡量探测器时间测量本领的一个重要量。在时间分辨率测量方面，首先是用定时方法准确地确定入射粒子进入探测器的时间，时间上相关的事件可以选用符合技术进行选择。这样形成起始信号和停止信号，形成的时间间隔可通过变换的方法转换成数字信号，按照编码分类计数，最后得到时间谱。

(1) 信号定时

定时电路是核电子学中检出时间信息的基本单元,它接收来自探测器或放大器的随机脉冲,产生一个与输入脉冲时间上有确定关系的输出脉冲,这个输出脉冲称为定时逻辑脉冲,如图 4.2-2 所示。

图 4.2-2 定时电路

目前已发展了前沿定时、过零定时和恒比定时。前沿定时是检出定时信号的最简单方法:来自探测器或经过放大器的脉冲直接触发一个阈值,这是固定的触发电路,当脉冲的前沿上升到超过阈值时刻,就产生输出脉冲作为定时脉冲。这种定时的优点是电路简单,缺点是时间移动大,当输入脉冲的动态范围很大时,会产生很大的定时误差;因此,必须选用幅度选择技术,将信号幅度变化限制在很小范围内,或用计算机系统同时记录输入信号的幅度,然后采用数据处理的方法对每个输入信号产生的时间移动进行校正。为了克服前沿定时在输入信号幅度变化时时间移动大的缺点,发展了过零定时方法:一般是把单极性信号成形为双极性信号,在信号幅度过零点产生输出定时信号。为了解决其噪声触发问题,通常采用"预置技术",用一个前沿甄别器作为过零甄别器的预置甄别器。过零定时的优点是消除了输入信号幅度变化产生的时间移动,所以输入信号幅度范围很宽,但是不能消除输入信号上升时间变化产生的时间移动。目前采用最多的是恒比定时,从原理上讲,过零定时是恒比定时的基础。

恒比定时是为了解决过零定时的触发比不能调节为最佳值而发展过来的。过零定时取阈值电平 $V_T=0$,若 V_T 不是固定不变的,而是与输入信号的幅度成正比,即

$$V_T = PA$$

则

$$Af(t_T) - PA = 0$$

式中,P 是常数;A 为输入信号幅度。因此,定时点 t_T 与幅度 A 无关。求得触发比 f 如下:

$$f = \frac{V_T}{A} = P$$

触发比 f 恒定不变,调节 P 可以很方便地将触发比调节为最佳值。

恒比定时在输入脉冲幅度的恒定比例点上产生过零脉冲。它使用了过零定时技术,并且将触发比调节为最佳,减小了时间晃动,综合了前沿定时和过零定时的优点,定时精度显著提高。恒比定时电路的工作原理如下:输入信号 $u_i(t)$ 分三路同时送到延迟端、衰减端和预置甄别器端。在延迟端,$u_i(t)$ 经延迟线延迟 t_d 时间成为 $u_1(t)$;在衰减端,$u_i(t)$ 经衰减器衰减 P 成为 $u_2(t)$。$u_1(t)$ 和 $u_2(t)$ 分别加在过零甄别器的正、负两个输入端,在过零甄别器中产生双极性恒比信号 $u_{12}(t)$,恒比过零点为 t_0。当输入信号 $u_i(t)$ 的幅度 A 变化时,相应的 $u_1(t)$ 和 $u_2(t)$ 信号幅度都跟着变化,但是过零点 t_0 不变。预置甄别器可以解决噪声触发过零甄别器的问题。恒比定时在输入信号上升时间变化时,恒比定时点同样要变化,所以不能消除上升时间变化引起的时间移动。另外,恒比成形后输入信号的噪声有所增加,以及在信号波形(幅度)涨落引起的时间晃动较显著时,恒比定时要比前沿定时大,例如闪烁体探测器输出小幅度信号

时的恒比定时误差要比前沿定时大。

(2) 符合技术

符合技术方法在核物理实验中被广泛应用。在物理上，符合是指两个物理事件在时间上相互重合。图 4.2-3 所示是符合实验测量框图。

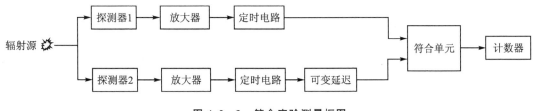

图 4.2-3　符合实验测量框图

来自放射源的一个核事件被两个探测器探测到，两个探测器的输出信号经过放大后由定时电路定时（有时信号幅度足够大，可把探测器输出的信号直接给定时电路定时），定时电路输出幅度与宽度不变的脉冲到符合单元的两个输入端。若两个信号在时间上符合，则符合单元输出一个信号到计数器计数，表示一个符合事件（有时将输出的符合信号作为一些数据采集系统的 trigger 信号）。

理想的符合是两个事件在时间上完全重合，即两个事件的时间差 $\Delta t=0$。实际上是不可能的，因为任何一个核事件都有一定的时间过程，核辐射探测器输出信号都有一定的时间宽度和一定的时间涨落，所以时间的符合是指事件在一定的时间间隔内重合。在电子学上，符合是指脉冲信号的符合，即在一个给定时间间隔中，选定的两道或更多道上出现脉冲。具有符合功能的电路单元称为符合单元，或称逻辑单元。它的功能就是当输入信号的时间重叠满足预先给定的符合条件时就输出一个时间确定的信号，它的基本逻辑功能相当于一个数字门电路。

把能产生符合输出的几个输入端脉冲之间的最大时间间隔称为符合电路的分辨时间 τ。如果输入信号为矩形脉冲，宽度为 t_w，且不存在时间移动与晃动，则 $\tau=2t_w$，它表示信号间隔在 $-t_w \sim t_w$ 范围内都可以产生符合输出。实际上符合电路的输入信号不是理想的矩形脉冲，而是具有一定上升时间和下降时间并混有噪声的信号。在这种情况下，符合电路的分辨时间不等于输入脉冲宽度的两倍，要通过测量符合电路的符合曲线来决定。符合曲线就是输入信号的相对延迟时间与符合计数之间的关系曲线。在实际应用中，常常要测量符合电路的符合曲线，以确定符合电路本身的电子学分辨时间。

(3) 时间量变换

用多道时间分析器进行时间分析，与用多道脉冲幅度分析器进行幅度分析类似，首先将时间间隔作数字编码，然后对数字化信息进行统计和分析。目前，时间间隔数字编码的主要方法可分为两类：一类是将被测时间间隔直接转换成数码，然后，将数码作为道址，在多道脉冲幅度分析器中对应的道址存储计数。这种方法称为时间-数字变换（TDC）。另一类是将时间间隔转换成脉冲幅度，再把脉冲幅度送到多道脉冲幅度分析器中，由脉冲幅度谱得出时间谱。这种方法称为时间-幅度变换（TAC），简称为时幅变换。按照工作原理的不同，时幅变换分为起停型时幅变换和重叠型时幅变换。起停型时幅变换器的线性好，时间间隔范围宽，数量级可从 ns 到 μs，时间分辨率好，而且通用性强，所以得到广泛应用。下面介绍起停型时幅变换和时间-数字变换。

1) 起停型时幅变换

起停型时幅变换就是在起始信号与停止信号之间的时间间隔内用恒定电流充电的方法把时间间隔变换成脉冲幅度。图 4.2-4 所示为起停型时幅变换原理工作波形。起始信号 $u_1(t)$ 加到时幅变换器的起始端,停止信号 $u_2(t)$ 加到停止端,输出信号为 $u_0(t)$。起始信号 $u_1(t)$ 所测事件的起始时刻为 t_1,停止信号 $u_2(t)$ 所测事件的停止时间为 t_2,两者的时间间隔为 $\Delta t = t_2 - t_1$。在时间间隔 Δt 中,恒定电流 I 给电容器充电,则电容上的电压 u_0 为

$$u_0 = \frac{I}{C} \Delta t$$

恒定电流 I 和电容 C 都是常数,因此 u_0 与时间间隔 Δt 成正比,完成时幅变换。

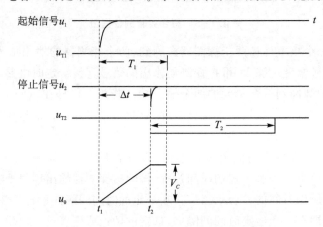

图 4.2-4 起停型时幅变换原理工作波形

2) 时间-数字变换

时间-数字变换简称时数变换,是一种直接进行数字编码的方法。

计数型时数变换是一种常用的时间间隔直接进行数字编码的方法。在一个时间间隔 Δt 内控制时钟脉冲,使它通过时钟门,测量时钟脉冲数,由此得到与时间间隔 Δt 成正比的数字 m。设时钟脉冲的周期为 T_0,则变换的地址码 m 为

$$m = \frac{\Delta t}{T_0}$$

式中,数字 m 为时间间隔对应的道址,也就是存储器的地址码;T_0 为时间道宽,它表示能测量的最小时间间隔。这样可以构成多道时间分析器,电路的道数由地址寄存器的位数决定。例如,12 位地址寄存器为 4 096 道,13 位地址寄存器为 8 192 道。时间道宽大小由分频器改变,例如 T_0、$2T_0$、$4T_0$ 等。

计数式时数变换方法简单,测量精度主要取决于时钟频率及其稳定性,而其稳定性和积分线性都很好。为了提高时间分辨率,对小于一个时钟周期时间间隔的精确测定,有配合时间扩展内插法、时幅变换内插法等。

3. 能谱测量原理

(1) 多道脉冲幅度分析器原理介绍

图 4.2-5 为本实验的实验原理图。设置这样一个原理图就是为了利用多道脉冲幅度分析器将信号全部接入计算机,以观测放射源 ^{60}Co 和 ^{137}Cs 的能谱在计算机 PC 端图谱显示。使

用放大器对信号放大再进行正负转换,之后就可以在计算机上清晰地看到 ^{137}Cs 和 ^{60}Co 能谱的生成。

图 4.2-5 本实验的实验原理图

多道脉冲幅度分析器是测量电脉冲信号幅度分布的仪器,一般由模/数转换器(ADC)、数据存储器、显示器和控制器等几部分构成,如图 4.2-6 所示。其主要工作原理是把输入的模拟信号经 ADC 和 DSP 处理后,由 USB 通信接口将信号的幅度分布传送给计算机终端,由计算机终端显示、储存或打印出来。多道脉冲幅度分析器把脉冲信号按幅度的大小进行分类并记录每类信号的数目。多道脉冲幅度分析器常用于分析射线探测器的输出信号,测量射线的能谱。多道脉冲幅度分析器把整个被分析的幅度范围划分成若干个相等的区间(区间的大小称为道宽,区间的数目称为道数),一次测量就可以得到输入脉冲的幅度分布谱。多道脉冲幅度分析器不仅能自动获取能谱数据,而且一次测量就能得到整个能谱,因此可大大减少数据采集时间,与此同时,其测量精度也显著提高。

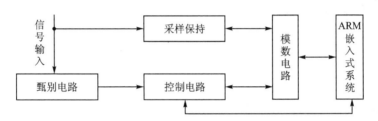

图 4.2-6 多道脉冲幅度分析器结构原理图

理论模拟和实验测量的 ^{137}Cs γ 能谱如图 4.2-7 所示,横坐标是道数(即能量),纵坐标是计数。能谱右端最明显的峰是光电峰,然后是康普顿散射引起的康普顿坪,还有反散射峰。

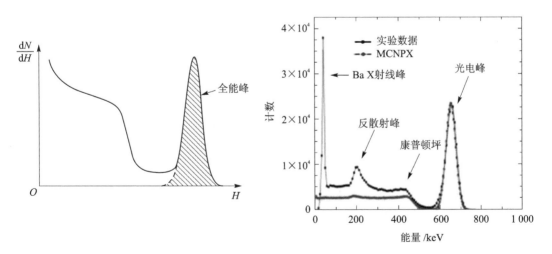

图 4.2-7 理论模拟与实验测量的 ^{137}Cs 能谱图

(2) 能量分辨率

探测粒子主要是利用带电粒子在探测器内产生次级粒子,如电离和激发,当一束能量为 E 的粒子全部能量损失在探测器内,设 W 是入射粒子每产生一次次级粒子时平均消耗的能量,则 $N=E/W$。如果探测器将 N 转变为电压脉冲幅度 V,则通过测量 V 可间接地测量能量 E。

$$V = a_0 N = \frac{a_0 E}{W}$$

式中,a_0 是比例系数。

一般是将 V 经过多道脉冲幅度分析器转换成道数,进而测到能谱。每次粒子与物质碰撞时,损失的能量不相同,作用的次数也不一样,因此入射粒子把能量传递给许多次级粒子的过程是一个统计过程。由于 N 一般很大,因此实际上测量到的是高斯分布,如图 4.2-8 所示。中心值为入射粒子能量 E_0,能量分辨率 η 定义为

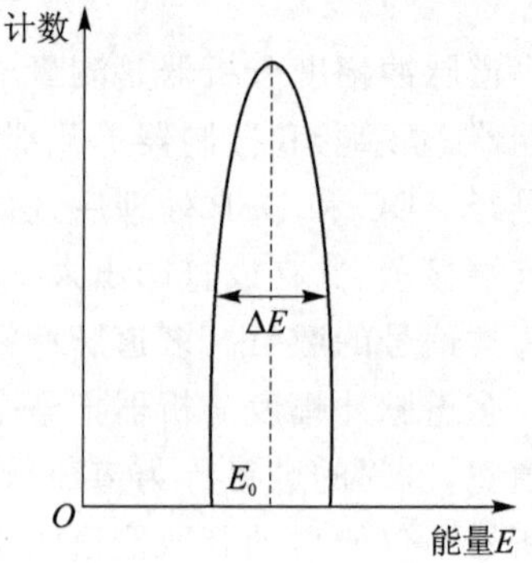

$$\eta = \frac{\Delta E}{E} \times 100\%$$

图 4.2-8 能量分辨率

式中,ΔE 为高斯分布的半高宽,$\Delta E = 2.36\sigma$,因此可得到 $\eta = 2.36\sqrt{\dfrac{W}{E}}$。

三、实验仪器

本实验将会用到 $LaBr_3$ 闪烁体探测器、塑料闪烁体探测器、高压电源、示波器、放大器、恒比定时器(CFD)584、符合单元 CO4020、时幅变换器(TAC567)、多道脉冲幅度分析器 927、计算机等仪器。

四、实验内容

1. 能谱测量

① 调整谱仪参量,选择并固定最佳工作条件。
② 测量放射源 ^{137}Cs、^{60}Co 等的 γ 能谱,确定谱仪的能量分辨率、刻度能量线性并对能谱进行谱形分析。
③ 通过已知能量的 γ 射线进行能量刻度,分析能量分辨率与射线能量的关系。
④ 测量本底能谱,观察测量的能谱和 NaI 探测器的本底能谱有何异同。

2. 时间分辨测量

① 调整探测器电压,选择并固定最佳工作电压。
② 确定恒比定时甄别器阈值。
③ 确定逻辑脉冲的宽度和信号的延迟时间。
④ 进行时间谱的刻度,得到探测器的时间分辨率。

五、实验步骤

1. 能谱测量实验步骤

① 按图4.2-5连接好实验仪器线路,多道脉冲分析软件的道数选择4 096以上。
② 给PMT加电压,电压视探测器而定。
③ 把放射源^{137}Cs或^{60}Co放在探测器前,控制计数率小于10 000,将探测器输出信号接入示波器观察。
④ 调节高压和放大倍数,使^{60}Co源的1.33 MeV全能峰约在多道全量程的1/2处。
⑤ 采集并分析谱形,作能量刻度曲线,得到能量分辨率。
⑥ 测量本底谱,根据刻度的曲线,尝试鉴别相关峰对应的放射性核素。环境中的放射性核素可以用Mastro软件在核数据库中查找。
⑦ 测量^{152}Eu放射源能谱,进行刻度曲线,确定γ射线能量,并与标准能量对比。

2. 时间分辨测量实验步骤

① 按图4.2-9连接好实验仪器线路,多道脉冲幅度分析软件的道数选择16 384。
② 给PMT加电压,测量坪曲线,确定最佳工作电压。
③ 调节定时甄别器584的阈值,确定最佳阈值。

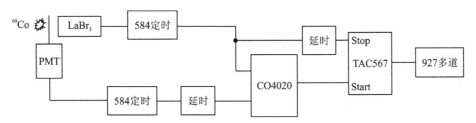

图4.2-9 LaBr$_3$(Ce)的时间分辨率测量实验线路图

④ 一路584输出的信号送到符合单元CO4020,并作为触发信号,对另一路584输出的信号进行延迟送到符合单元CO4020。两路信号在符合单元进行"与"操作。
⑤ CO4020输出的信号作为时幅变换器TAC567的Start信号,一路584定时输出的信号作为Stop信号,TAC567输出的信号送到多道脉冲幅度分析器927,通过计算机软件进行时间谱测量。
⑥ 通过在TAC567的Stop端加不同的延迟线调节和Start信号间的不同时间差对时间谱进行标定;或者通过时间定标器给TAC567发送不同时间间隔的脉冲,对时间谱进行定标。

六、思考题

1. 如何从示波器上观察到LaBr$_3$探测器输出的脉冲波形图,以及判断探测器的时间性能?
2. 实验中利用放射源^{60}Co和^{137}Cs进行初步探测器标定,求得探测器的能量分辨率,能量分辨率跟能量有何关系?说明原因。
3. 观察LaBr$_3$探测器的环境本底能谱,会有哪些新的来源?是否有影响?改变什么条件会使测量结果更加精确?
4. 对比NaI探测器,LaBr$_3$探测器的优缺点有哪些?

5. 能否用符合单元的输出信号作为多道脉冲幅度分析器的开门信号？有何作用？

4.3 液体闪烁体探测器实验

一、实验目的

① 掌握液体闪烁体探测器的工作原理和使用方法；
② 掌握脉冲形状甄别技术；
③ 了解液体闪烁体探测器的工作性能。

二、实验原理

1. 液体闪烁体简介

液体闪烁体是一种有机闪烁体，主要用于测量中子和β射线。液体闪烁体是用发光物质溶于有机溶液制成的，它具有发光衰减时间短、透明度好、容易制备和成本较低等优点。液体闪烁体常用二甲苯等作为溶剂，以某些有机闪烁物质和POPOP分别作第一溶质和第二溶质。第一溶质为荧光物质，第二溶质为波长转换剂。当入射粒子进入闪烁液体时，溶剂分子先被激发，然后它很快地把能量传给第一溶质分子，放出波长在350～400 nm范围的荧光，这个荧光使第二溶质分子受激，退激时放出420～480 nm范围的光，与光电倍增管能较好匹配。

可以将待测放射性物质溶解于液体闪烁体中，产生4π几何条件，获得很高的探测效率，这是液体闪烁体比较突出的优点。检测 ^{3}H 和 ^{14}C 等核素放出的低能β射线的微弱放射性强度，通常使用液体闪烁体。另外，液体闪烁体还可以作为中子飞行谱仪的探头，利用发光衰减时间短的优点进行时间测量。但液体闪烁体是液体，需要隔绝空气、密封盛装。

脉冲形状甄别是指按脉冲信号的形状不同对脉冲进行分类。脉冲信号的形状包括幅度、上升时间、下降时间、宽度等。其中脉冲幅度甄别不包括在脉冲波形甄别里。脉冲形状甄别的用途很广，可用于粒子甄别，根据不同粒子在探测器中产生的信号波形不同来区别粒子。如图4.3-1所示，中子和γ射线具有不同的衰减时间，通过不同的积分时间，可以对中子/γ进行甄别，如图4.3-2所示。

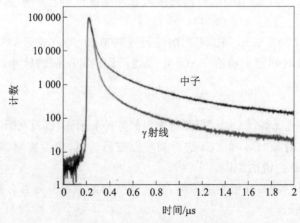

图 4.3-1 脉冲形状甄别原理图

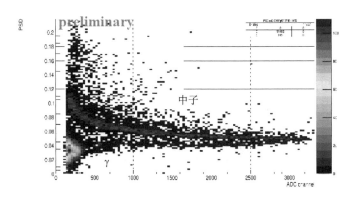

图 4.3-2　脉冲形状甄别效果图

由于有机闪烁体密度低,无法测到 γ 射线源发射的 γ 射线的全能峰,探测器只能记录到康普顿散射事件。康普顿坪是由于 γ 射线与核外电子发生康普顿散射而沉积部分能量所产生的。散射角度决定了沉积能量的大小,有机闪烁体的刻度利用的是康普顿边沿产生的康普顿峰,康普顿边沿即 γ 射线发生康普顿散射沉积能量最大的情况所产生的信号。

康普顿边沿的位置对应的就是最大康普顿电子的能量。最大康普顿电子能量可以由下式获得

$$E_{\text{emax}} = E_\gamma \left(\frac{2E_\gamma}{m_0 c^2 + E_\gamma} \right) \tag{4.3-1}$$

式中,E_{emax} 为最大康普顿电子能量;E_γ 为入射 γ 射线的能量;m_0 为电子的静质量;c 为光速。

表征探测器中子/γ 甄别效果的量用 FOM 表示,其计算公式如下:

$$\text{FOM} = \frac{\text{Mean}_n - \text{Mean}_\gamma}{\Delta E_n + \Delta E_\gamma} \tag{4.3-2}$$

式中,Mean_n 为拟合得到的中子信号 PSD 峰位置;Mean_γ 为拟合得到的 γ 信号 PSD 峰位置;ΔE_n 为拟合得到的中子信号峰的半高宽;ΔE_γ 为拟合得到的 γ 信号峰的半高宽。如图 4.3-3 所示,为 D-T 中子源的 FOM 值拟合计算结果。

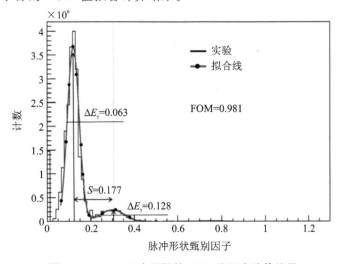

图 4.3-3　D-T 中子源的 FOM 值拟合计算结果

2. 实验仪器原理

图 4.3-4 所示为本实验的实验原理图。我们设置这样一个原理图就是为了利用数字多道分析仪将信号全部接入计算机,以观测 ^{60}Co 和 ^{137}Cs 的能谱在计算机获取软件的 PC 端的图谱显示。我们依然采用放大器对信号进行放大并对信号进行正负转换,之后在计算机上就可以清晰地看到 ^{137}Cs 和 ^{60}Co 能谱的生成。

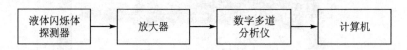

图 4.3-4　本实验的实验原理图

数字波形分析仪是一种新型数据获取系统,它通过内部控制芯片现场可编程门阵列(Field-Programmable Gate Array,FPGA)对采样点数据进行线性处理,并输出所需要的波形信息,如图 4.3-5 所示。首先,计算机通过控制软件操作界面,进而控制软件记录和输出单通道或多个通道输入的信号;然后,根据探测器输入脉冲信号的信息调节相关参数,如触发阈值(threshold)、长短门宽度参数(gate、short gate)等,最终实现对能量谱、波形谱、时间谱、PSD 谱等信息的记录。其主要工作原理是,把输入的模拟信号经 FADC 和 FPGA 芯片处理后,由 USB 或光纤等通信接口将信号传送给计算机终端,由计算机终端显示、储存或打印出来。它能够记录脉冲信号的全部信息,常用于中子/γ 甄别测量中。在脉冲幅度分析中,可将整个被分析的幅度范围划分成若干个相等的区间(区间的大小称为道宽,区间的数目称为道数)。需要注意的是,波形积分得到的结果是脉冲的电荷量,不是幅度信息。图 4.3-6 所示为实验测量的 ^{60}Co 和 ^{137}Cs 能谱图。

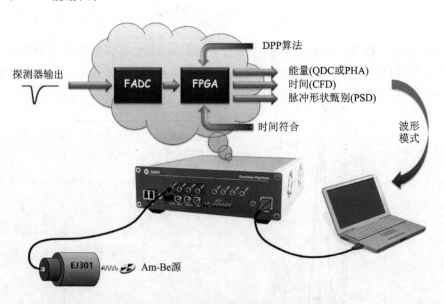

图 4.3-5　数字波形分析仪结构原理示意图

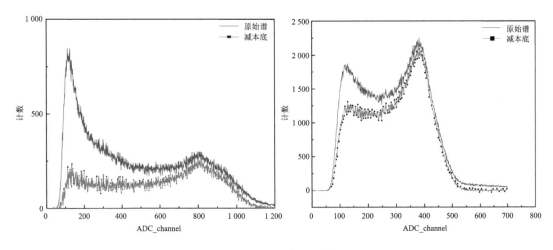

图 4.3 - 6　实验测量的 ^{60}Co 和 ^{137}Cs 能谱图

三、实验仪器

本实验用到 EJ301 闪烁探测器、高压电源、示波器、放大器及数字波形分析仪 DT5730。

四、实验内容

① 调整谱仪参量，选择并固定最佳工作条件。
② 测量放射源 ^{137}Cs、^{60}Co 等的 γ 能谱，通过康普顿沿对光产额进行刻度。
③ 测量 ^{241}Am-Be 中子源，调整长短门，观察 PSD 分辨结果，选取 PSD 甄别效果最优的长短门组合获取数据。

五、实验步骤

① 连接好实验仪器线路，多道脉冲幅度分析器选择的道数为 4 096 以上，采集模式设置为 wave。
② 对光电倍增管设置高压，电压视探测器输出信号而定。
③ 测量 ^{241}Am-Be 中子源，设置若干组长短门参数，短门为 20～100 ns，长门为 200～300 ns，时间间隔为 10 ns。每组测量 1 min，观察 PSD-ADC 二维散点图。
④ 采集并分析 γ 谱，减去本底后作能量刻度曲线，然后得到能量分辨率。
⑤ 分析中子测量数据，计算中子/γ 甄别质量参数 FOM。比较各组参数 FOM 值，确定最佳的长短门参数。

六、思考题

1. 液体闪烁体中测得的 ^{60}Co 和 ^{137}Cs 能谱会呈现什么样的分布？
2. 测量中子源时将所有信号的波形完整地记录下来，是否能通过波形来进行中子/γ 甄别？都有哪些方法？
3. 中子/γ 甄别效果最佳的长短门参数跟探测器本身的哪些性质有关？

4.4 半导体α谱仪实验

一、实验目的

① 了解α谱仪的工作原理及其特性；
② 掌握应用谱仪测量α粒子能谱的方法。

二、实验原理

金硅面垒探测器采用的是一片 n 型硅蒸上一薄层金(10~20 nm)，接近金膜的那一层硅具有 p 型硅的特性，这种方式形成的 p-n 结靠近表面层，结区即为探测粒子的灵敏区。探测器工作时加反向偏压。α粒子在灵敏区内损失的能量转变为与能量成正比的电脉冲信号，经放大并由多道分析器测出幅度的分布，从而得到带电粒子的能谱。为了提高谱仪的能量分辨率，探测器要放在真空中。另外，金硅面垒探测器一般具有光敏的特性，在使用过程中，应有光屏蔽措施。

金硅面垒半导体α谱仪具有能量分辨率高、能量线性范围宽、脉冲上升时间快、体积小和价格低等优点。在α粒子及其他重带电粒子能谱测量中有着广泛应用。

带电粒子进入灵敏区，损失能量产生电子空穴对。形成一对电子空穴所需的能量 w，与半导体材料有关，与入射粒子的类型和能量无关。对于 Si，在 300 K 时，$w=3.62$ eV，在 77 K 时，$w=3.76$ eV；对于 Ge，在 77 K 时，$w=2.96$ eV。若灵敏区的厚度大于入射粒子在 Si 中的射程，则带电粒子的能量 E 全部损失在其中，产生的总电荷量 $Q=(E/w)e$。E/w 为产生的空穴电子对数，e 为电子电量。由于外加偏压，灵敏区的电场强度很大，产生的电子空穴对被全部收集，最后在两极形成电荷脉冲。通常在半导体探测器设备中使用电荷灵敏前置放大器，它的输出信号与输入到放大器的电荷量成正比。

探测器的结电容 C_d 是探测器偏压的函数，如果核辐射在探测器中产生的电荷量为 Q，那么探测器输出脉冲幅度是 Q/C_d。因此，探测器偏压的微小变化所造成的 C_d 变化将影响输出脉冲的幅度。例如，电源电压的变化就可以产生这种微小变化。此外，根据被测粒子的射程调节探测器的灵敏区厚度时，往往需要改变探测器的偏压，尽量减小这些变化对输出脉冲幅度的影响。前级放大器对半导体探测器系统的性能起着重要的作用。如图 4.4-1 所示，是典型探测器的等效电路和前置放大器的第一级。

设 K 是放大器的开环增益，C_f 是反馈电容，C_1 是放大器的总输入电容，$C_1=C_d+C'$，C' 是放大器接插件电缆等寄生电容。前置放大器的输入信号是 Q/C_d，它的等效输入电容近似等于 KC_f，只要 $KC_f \gg C_1$，那么前置放大器的输出电压为

$$V_o = -\frac{KQ}{C_1+(1+K)C_f} = -\frac{Q}{C_f}$$

由于选用了电荷灵敏放大器作为前级放大器，因此它的输出信号与输入电荷 Q 成正比，而与探测器的结电容 C_d 无关。

1. 确定半导体探测器的偏压

对于 N 型硅，探测器灵敏区的厚度 d_n 和结电容 C_d 与探测器偏压 V 的关系如下：

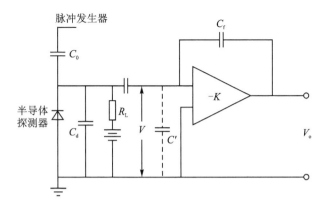

图 4.4-1 探测器等效电路和前置放大器

$$d_n \approx 0.5(\rho_n V)^{1/2} \quad (\mu m)$$
$$C_d = 2.1 \times 10^4 (\rho_n V)^{-1/2} \quad (\mu F/cm^2)$$

式中,ρ_n 为材料电阻率,$\Omega \cdot cm$。

灵敏区的厚度和结电容的大小取决于外加偏压,所以选择偏压,先要使入射粒子的能量全部损耗在灵敏区中,并且由它产生的电荷完全被收集,而电子空穴复合和陷落的影响可以忽略;其次,还需要考虑探测器的结电容,因为对于前置放大器来说,它还起着噪声源的作用。电荷灵敏放大器的噪声水平随外接电容的增加而增加,探测器的结电容就相当于它的外接电容。因此提高偏压降低结电容可以减小噪声,增加信号幅度,提高信噪比,从而改善探测器的能量分辨率。基于以上两点,要求偏压高一些,但是偏压过高,探测器的漏电流也会增大,分辨率会变差。因此,为了得到最佳能量分辨率,探测器的偏压应选择最佳范围。实验上最佳能量分辨率可通过测量不同偏压下的 α 谱线求得,并根据实验数据分别绘制出一组峰位和能量分辨率对应不同偏压的曲线,分析以上结果,确定探测器最佳偏压值。

2. α 谱仪的能量刻度和能量分辨率

谱仪的能量刻度就是确定 α 粒子能量与脉冲幅度之间对应关系。脉冲幅度大小以谱线峰位在多道脉冲幅度分析器中的道址表示。α 谱仪系统的能量刻度有两种方法:

① 用一个 ^{239}Pu、^{241}Am、^{244}Cm 混合 α 源,已知各核素 α 粒子的能量,测出该能量在多道脉冲幅度分析器上所对应的道址,绘制出能量对应道址的刻度曲线。

② 用一个已知能量的单能 α 源,配合线性良好的精密脉冲发生器作能量刻度,一般谱仪的能量刻度线性可达 0.1% 左右。

在能量刻度相同的测量条件下,测量未知能量的 α 谱,根据能量刻度曲线确定 α 粒子的能量,可查核素常用表刻度源能量。

α 谱仪的能量分辨率也用谱线的半宽度 FWHM 来表示,实际上,也可以用能量展宽的相对百分比来表示。例如利用金硅面垒探测器,测得 ^{241}Am 源 5.486 MeV 的 α 粒子谱线展宽为 17 keV(0.3%)。

半导体探测器的突出优点是它的能量分辨率高,影响能量分辨率的主要因素包括:

① 产生电子空穴对数和能量损失的统计涨落(ΔE_n);

② 探测器噪声(ΔE_D);

③ 电子学噪声,主要是前置放大器的噪声(ΔE_e);
④ 探测器的窗厚和放射源的厚度引起能量不均匀性所造成的能量展宽(ΔE_s)。
实验测出谱线的展宽 ΔE 是由以上因素所造成影响的总和,表示如下:

$$\Delta E = (\Delta E_n^2 + \Delta E_D^2 + \Delta E_e^2 + \Delta E_s^2)^{1/2}$$

3. 测量 ^{241}Am 的 α 衰变相对强度

^{241}Am 衰变时放出的 α 粒子有五种能量。由于半导体探测器的能量分辨率比较高,一般可达千分之几。因此选择合适的道宽和放大器放大倍数,尽量把所有的 α 粒子能量都测到,由多道脉冲幅度分析器求出第 i 个能量峰的总计数 S_i。总的衰变率 $S_T = \sum_i S_i$,求出 ^{241}Am 各个能量 α 粒子的相对强度 $a_i = S_i/S_T$。

三、实验装置

图 4.4-2 所示为半导体 α 谱仪实验装置方框图。

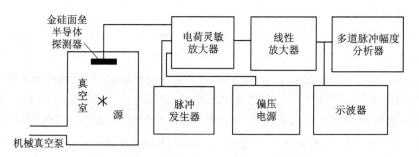

图 4.4-2 半导体 α 谱仪实验装置方框图

本实验用 α 谱仪全套 1 台,精密脉冲发生器 1 台,多道脉冲幅度分析器 1 个,示波器 1 台,机械泵 1 台,金硅面垒探测器 1 块,^{239}Pu、^{241}Am、^{244}Cm 混合刻度源 1 个,^{241}Am 源 1 个。

四、实验内容

① 调整谱仪参量,测量不同偏压下的 α 粒子能谱,并确定探测器的工作偏压;
② 测定谱仪的能量分辨率,并进行能量刻度;
③ 测定未知 α 源的能谱,并确定 α 粒子能量;
④ 用偏置放大器扩展能谱,并测定 ^{241}Am α 衰变的相对强度。

五、实验步骤

① 按图 4.4-2 所示连接好仪器,将 α 源 ^{241}Am 放入真空室,抽真空,调整谱仪工作参数,用示波器测量脉冲幅度随偏压变化的范围,并测量抽真空与不抽真空条件下输出波形的变化。
② 选择多道脉冲幅度分析器的参量,测量 α 谱,改变偏压为 5 V、10 V、30 V、60 V、100 V、150 V,分别测量不同偏压下的 α 谱线,确定最佳偏压值。

③ 测量 ^{239}Pu、^{241}Am、^{244}Cm 混合 α 刻度源的能谱,用最小二乘法直线拟合,绘制出能量刻度曲线;利用 ^{241}Am 源谱峰的半宽度确定谱仪的能量分辨率(keV)。在同样测量条件下测出未知 α 源的能谱。

④ 用一个已知能量为 5.486 MeV 的 α 源 ^{241}Am 和精密脉冲发生器作谱仪能量刻度。

⑤ 调节放大器放大倍数和多道脉冲幅度分析器的道宽,展宽 ^{241}Am 谱,确定 ^{241}Am α 衰变的相对强度。

六、思考题

1. 解释脉冲幅度和分辨率随偏压变化的曲线特征,并说明选择探测器偏压应考虑哪些因素。

2. 设脉冲输出幅度为 6 V,探测器的能量分辨率为 0.3%,应如何选择多道脉冲幅度分析器的参数(分析范围、所用道数和道宽)? 如果多道脉冲幅度分析器的道数不够或道宽太大,应如何选择放大倍数?

3. 用脉冲发生器模拟不同能量 α 粒子时,为什么不能关闭偏压电源?

4. 如何用脉冲发生器和一个已知能量的 α 源对 α 谱仪作能量刻度? 了解脉冲发生器"标准校正"旋钮的作用。

5. 为了研究影响谱仪能量分辨率的主要因素,根据 $\Delta E = (\Delta E_n^2 + \Delta E_D^2 + \Delta E_e^2 + \Delta E_s^2)^{1/2}$,如何从实验中分别测出探测器及电子学噪声对谱线所造成的展宽?

4.5 双面硅条探测器实验

一、实验目的

① 掌握硅条探测器的工作原理;
② 了解多路集成前置放大器的结构及其使用;
③ 了解集成主放大器的结构及其使用;
④ 掌握硅条探测器的测量电路和方法。

二、实验原理

1. 双面硅条探测器简介

按照探测器内部的结构,以 p-n 结的结构形式,一般分为 p^+-n-n^+、p^+-p-n^+、n^+-n-p^+、n^+-p-p^+ 四种形式,目前采用 p^+-n-n^+ 结构形式比较多。

从探测器的横截面上看,如图 4.5-1 所示,主要包括:

① 探测器表面,有薄铝条、SiO_2 隔离条,铝条下边是重掺 p^+ 条;
② 中间部分,厚度大约为 300 μm 的高阻 n 型硅基,作为探测器的灵敏区;
③ 底部,n 型硅掺入 As 形成重掺杂 n^+ 层和铝薄膜组成的探测器的背衬电极。

如图 4.5-2 所示,探测器的表面可分为微条、保护环、偏压连接带、多晶硅偏压电阻、直流

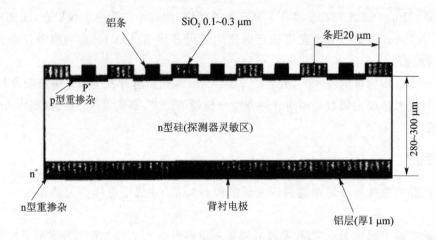

图 4.5-1 双面硅条探测器结构示意图

(DC)接触片和交流(AD)接触片。保护环在探测器的四周,起到屏蔽保护的作用,可以降低探测器的噪声,提高抗辐射能力。多晶硅偏压电阻集成在硅片上,它对每个硅条都起到保护作用,可减小漏电流,降低噪声。偏压连接带是连接偏压电源到每一个微条的连接带。直流接触片是直流耦合输出的接触点,交流接触片是交流耦合输出的接触点,一般信号读出是通过它们连接到前置放大器上的。

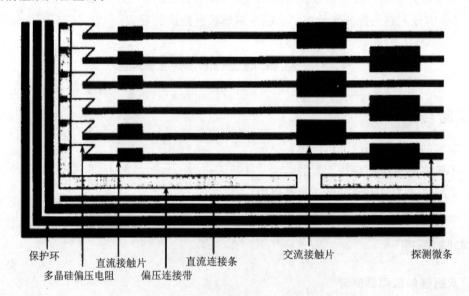

图 4.5-2 双面硅条探测器表面结构示意图

硅条探测器信号测量电路与金硅面垒探测器和高纯锗探测器信号测量电路基本相似,只不过由多路信号读出电路组成,每根硅条连接电荷灵敏前置放大器、主放大器、多道脉冲幅度分析器、计算机。图 4.5-3 所示为硅条探测器测量电路原理图。为了配合多路信号的处理,实验中采用集成电荷灵敏前置放大器、集成主放大器、数据获取系统进行信号的采集和处理。探测器的偏压通过集成电荷灵敏前置放大器加到每根硅条上,多路的多道脉冲幅度分析器通过数据获取系统与计算机连接,进行能谱获取。

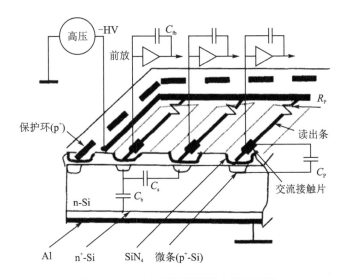

图 4.5-3 硅条探测器测量电路原理图

2. 实验仪器原理

图 4.5-4 所示为双面硅条探测器实验原理图。通过集成前置放大器和集成主放大器对硅条输出的信号进行放大和正负转换,集成主放大器可以同时输出能量信号和时间信号。能量信号直接输入到 V785 插件 ADC,时间信号直接输入到 V775 插件 TDC(Time Digital Converter),经过计算机获取后可查看探测器的能量和时间信息。

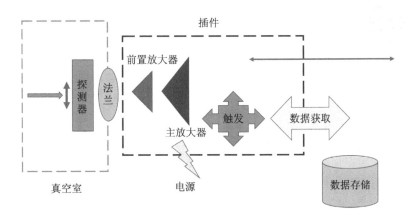

图 4.5-4 双面硅条探测器实验原理图

实验需要搭建逻辑电子学线路图,对探测器输出信号做符合,具体可查看图 4.5-5。主放大器除了输出能量和时间信号外,可单独输出 OR 信号作为触发,接入后端电子学做逻辑符合。主放大器输出的 OR 信号先经过定时甄别,成形后为逻辑信号,可以进行逻辑操作(例如输入到符合单元 CO4020,进行"与"和"或"等操作),并对时间信号做展宽。图 4.5-5 中,展宽后的时间信号输出到 N93B 插件(双定时器,Dual Timer),作为 BUSY 保护的 START 信号,由 V2718 获取插件(VME BRIDGE)给出 BUSY 保护的 RESET 信号。

经过 BUSY 保护后,N93B 输出的信号再次接入 CO4020,提供后续获取系统的 Trigger

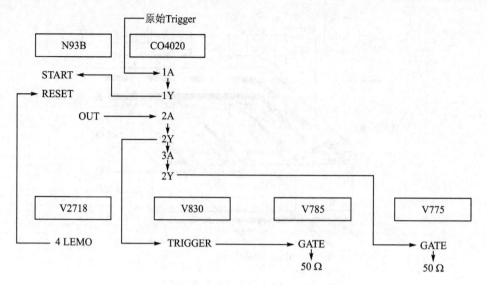

注：CO4020 2A 为下降沿触发；3A 为上升沿触发，由此通过展宽 2A，
可将 V775 的 Trigger 延迟，形成 Common stop 模式。

图 4.5-5　数据获取电子学线路图

信号，一路输出单元接入 V830 插件（32 路定标器）记录触发事件数，再接入 V785 插件 ADC，做探测器能量信号的 GATE；另外一路输出单元接入插件 V775 TDC，做探测器时间信号的 GATE。

三、实验仪器

本实验将会用到双面硅条探测器、真空室、集成前置放大器、集成主放大器、高压电源、示波器、展宽插件、BUSY 保护插件、ADC 插件、获取插件、放射源和计算机。

四、实验内容

① 按图 4.5-4 连接电子学线路的插件，调试数据获取系统。
② 设计支架固定双面硅条探测器，学会机械泵、分子泵的使用。
③ 观察硅探测器输出的信号，记录探测器漏电流的大小，得到探测器正反面硅条的伏安特性曲线。
④ 学会编写在线程序，实现对探测器测试过程中的在线看谱。
⑤ 观察记录放射源能谱信息，评估双面硅条探测器能量分辨性能。

五、实验步骤

① 按图 4.5-4 连接实验仪器线路，调试好数据获取系统。
② 给集成前置放大器加低压，将输出信号接入示波器观察，通过对集成前置放大器接地来降低噪声。
③ 给集成前置放大器输入脉冲发生器信号，观察集成前置放大器各路的输出信号，判断集成前置放大器是否存在自激。

④ 将硅条探测器固定在真空室中,摆放好放射源,利用机械泵抽真空,观察真空变化。
⑤ 待真空满足实验要求后,给集成前置放大器加低压,再次将各路输出的信号接入示波器观察,观察噪声变化。
⑥ 利用高压电源缓慢给硅条探测器加高压,将各路信号接入示波器观察,观察信号变化,并记录下不同电压时硅条探测器漏电流大小、信号幅度和上升时间等信息。
⑦ 根据第⑥步测量的信息,输入一个合适的高压给硅条探测器,利用计算机获取输出信号。
⑧ 根据计算机获取结果,调节集成主放大器放大倍数,使能谱分布在合适的道址中,并记录下此时的参数。
⑨ 利用计算机获得合适的能谱图后,保存记录下此时的数据。
⑩ 缓慢降低高压,关闭电源,并给真空室缓慢放气,取出放射源和探测器,整理好相关仪器。

六、实验注意事项

① 实验前,需要对机箱和插件进行检查,看是否正常。
② 严禁用手直接触摸硅面,操作探测器过程中注意佩戴手套和口罩,轻拿轻放。
③ 探测器高压需缓慢升高,缓慢降低,严禁直接降到0,或者直接加到最高。
④ 操作高压电源时注意安全,防止触电,需要等高压降至0再关闭电源。
⑤ 注意密封真空室,抽真空时,需要关注仪表盘,缓慢地抽;释放真空时,缓慢释放,防止晃动探测器。
⑥ 摆放放射源时,严禁用手直接触摸,并防止直接触碰到硅面,实验结束后,立即洗手。

七、思考题

1. 如何从示波器上判断前置放大器噪声信号的好坏？如何降低噪声？
2. 为什么要给靶室抽真空？不抽真空会有什么影响？
3. 如何判断探测器的电压达到饱和？如何选择合适的探测器高压？
4. 如何从示波器上读取探测器信号信息,例如信号幅度、成形时间等？
5. 如何判断主放大器的放大倍数是否合适？能谱一般分布在量程的什么位置比较合适？
6. 根据能谱图,如何计算探测器的能量分辨率？能否根据放射源类型查到对应的能量？
7. 如何理解探测器的正反面？两者有什么区别？

4.6　高纯锗(HPGe)γ谱仪实验

一、实验目的

① 了解高纯锗γ谱仪的工作原理。
② 掌握高纯锗γ谱仪能量标定和绝对效率测量方法。
③ 掌握高纯锗γ谱仪基本性能的测量方法及其使用。
④ 掌握高纯锗γ谱仪进行γ能谱测量方法。

二、实验原理

自从20世纪60年代有商品生产的半导体探测器以后,这种探测器得到了迅速发展。它的工作原理类似于气体电离室,但是探测介质是半导体材料。电离辐射在半导体中产生电子一空穴对,在电场作用下,电子和空穴分别向两极漂移,在回路中形成信号。半导体探测器已广泛用于各个领域的射线能谱测量,目前也有了高位置分辨的粒子径迹探测器。

在半导体探测器方面,硅半导体探测器主要用于测量短射程的带电粒子,因为该探测器的灵敏区一般在1 mm以下,用它探测β或γ射线时灵敏区太薄。为了增加灵敏区的厚度,一是增加反向偏压,二是降低净杂质浓度。降低杂质浓度的一种方法是改进半导体材料的纯化工艺,将其中的杂质浓度降到约 10^{10} 原子/cm^3,当外加偏压小于1 000 V时,耗尽区的厚度可达约10 mm,这就是高纯锗探测器。

高纯锗探测器主要用来测量γ射线能谱。它的能量分辨率很高,并有良好的能量线性。目前的高纯锗探测器,对 ^{60}Co 源的1.33 MeV γ射线,全能峰半宽度一般约为2.0 keV;但对γ射线的探测效率不如NaI(Tl)晶体高。由于使用方便等因素,到20世纪80年代,高纯锗探测器逐渐代替了Ge(Li)漂移探测器。

近几年来,高纯锗探测器在核物理研究和核工程技术中,已充分显示出它的优越性。虽然高纯锗探测器给能谱测量工作带来巨大变化,但是它必须在液氮温度下使用(其可在室温下保存),这在某些场合是不方便的。HPGe和电子学线路的输入极,包括电荷灵敏前置放大器的场效应管和反馈元器件都放在真空密封的小室内并保持在低温状态。

1. 高纯锗探测器的工作原理

高纯锗探测器的工作原理和结构与PN结半导体探测器没有本质区别,但是一般均工作在全耗尽状态。目前商品生产的高纯锗探测器基本上是同轴型的,可以满足10 MeV的γ能谱测量需要。通常,同轴高纯锗探测器是用P型Ge制成的,称其为常规电极型同轴锗探测器;也有用N型Ge制成的,称其为倒置电极型同轴锗探测器。对于同轴型探测器,整流接触(或电极)那里开始形成半导体结,原则上整流接触可以在圆柱体的内表面,也可以在外表面。如果整流接触在外表面,则耗尽区随外加电压的增加从外向内扩展,当达到耗尽电压时,正好扩展到内表面;如果内表面是整流接触,那么耗尽区随外加偏压的增加从里向外扩展,直到外表面。距离整流接触越近,电场就越强。总是选择外表面为整流接触,这样会使电场较强的区域所占的体积较大,有利于载流子收集。对于P型HPGe,外表面为 n^+ 接触,n^+ 边极性为正;而对于N型,外表面是 p^+ 接触,p^+ 边极性为负。因此,对于P型HPGe探测器,外面加正电压,里面加负电压;对于N型,外面加负电压,里面加正电压。

如图4.6-1所示,本实验用到的高纯锗探测器来自BSI公司,型号为GCD-40190。

2. 高纯锗γ谱仪的组成

高纯锗γ谱仪一般由探头系统和电子学系统组成。探头系统包括高纯锗探测器、前置放大器和液氮容器;电子学系统包括谱仪放大器、高压电源和多道脉冲幅度分析器等。为了得到谱仪的良好性能,降低前置放大器的噪声是关键,因此它的输入级选用低噪声场效应管,把它和高纯锗探测器一起装在液氮容器的真空室中,通过插入液氮中的金属杆对它们进行冷却。为了使高计数率对能量分辨率变坏问题得到改善,在谱仪放大器中采取基线恢复、极零相消和

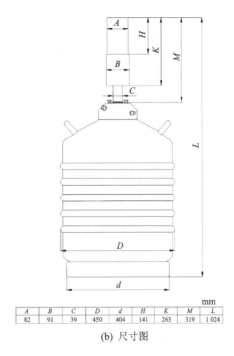

A	B	C	D	d	H	K	M	L
82	91	39	450	404	141	263	319	1 024

(a) 实物图　　　　　　　　　　　　(b) 尺寸图

图 4.6-1　本实验用到的高纯锗探测器

堆积拒绝电路等措施。

单晶 γ 谱仪测到的能谱一般比较复杂,这是由于对每一能量尤其高能区的 γ 射线在谱形上都有好几个峰和康普顿坪对应,导致对多个能量的复杂 γ 谱分析极其困难。这就需要使用两个或多个探头通过符合/反符合技术来抑制康普顿坪,使测到的能谱变得简单。

如图 4.6-2 所示,反康普顿谱仪称为双晶符合谱仪。对康普顿反冲电子和散射到一定角度的光子进行符合测量,得到反冲到一定方向的反冲电子能量。当入射光子在主晶体(HPGe)中发生一定角度的康普顿散射时,散射光子进入外围的晶体(BGO)中将会被吸收,这样两个晶体都有输出信号;当主晶体只发生光电效应时,外围晶体就没有脉冲信号。利用反符

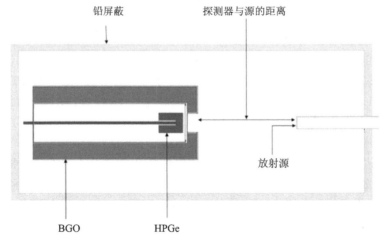

图 4.6-2　反康普顿谱仪结构方框图

合技术,用外围晶体的脉冲信号反符合掉主晶体的信号,从而抑制康普顿坪。由于只记录了部分光子,因此康普顿谱仪的探测效率较低。康普顿谱仪的一种改进是康普顿加和谱仪,当γ光子在一个探测器中通过康普顿散射被吸收时,散射光子同时也在另一个探测器中被吸收。在电子学线路上,把两个探测器的信号都测量下来,然后对两个晶体的输出进行加和,分析加和脉冲,得到没有康普顿坪的全能峰。由此,谱仪的探测效率得到很大提高,例如 CLOVER 探测器的 addback。

3. 高纯锗探测器基本性能

(1) 能量分辨率

在测量的粒子能量分布曲线中,一个测量峰,其极大值一半处的宽度称为半高宽(FWHM),用 ΔE 表示。能量分辨率 $\eta = \Delta E/E$,其中 E 为峰中心能量。对于高纯锗探测器,通常以 ^{60}Co 1.33 MeV 的 γ 射线全能峰的半高宽来表征,也有用全能峰 1/10 处谱线的宽度(FWTM)来表征。

导致全能谱线变宽的主要因素有:

① 电离过程产生的电子-空穴对数目的统计涨落。

② 放大器噪声。记录的射线信号和放大器噪声叠加在一起,噪声幅度的无规则涨落,导致输出信号幅度的涨落。

③ 探测器漏电流和载流子收集不完全产生的信号幅度涨落。这个因素与探测器的材料和探测器的制造工艺有关。

上述三个因素中,第一个因素是不可避免的,决定了谱仪能量分辨率的下限,后两个因素是可以不断改善的。对于②的改善,选配的电荷灵敏前置放大器的噪声斜率一定要小;对于③,为了减小探测器的漏电流,由于 Ge 在室温条件下禁带宽度太小,所以 HPGe 要在低温下使用;为了减少俘获影响,就要增加载流子的漂移速度。因此,在反向电流不显著增加的条件下,所加反向电压应尽量高一点。

(2) 峰康比

对于锗,在 150 keV～8 MeV 能量范围内康普顿吸收系数大于光电吸收系数及电子对吸收系数。也就是说,在这段能量范围内,康普顿电子产生的计数是比较高的。当测量复杂 γ 谱时,高能 γ 射线的康普顿计数会叠加在低能 γ 射线的全能峰上,造成能谱分析的困难;所以总是希望全能峰尽量高一些,康普顿坪尽量低一些。为了描述高纯锗探测器的这个特性,引入峰康比概念,以全能峰最大计数与康普顿坪部分的平均计数的比值来表示峰康比。当本底较大时,在求此比值之前先扣除本底。一般峰康比是指,对 ^{60}Co 的 1.33 MeV 的峰高与康普顿坪在 1.040～1.096 MeV 之间的平均计数之比。在相同峰总比下,峰康比的大小说明了能量分辨率的好坏。

(3) 能量刻度

根据所测峰位确定 γ 射线的能量,都需要预先对谱仪进行能量刻度。要求在相同条件下(如高压、放大倍数、时间常数等)测量 γ 射线能谱,利用一组已知能量的 γ 源,测出对应能量的全能峰峰位,然后作出能量和峰位(道址)的关系曲线,即射线能量与其全能峰峰位(道址)的关系。有了这个能量刻度,根据全能峰的道址就可以确定未知射线的能量。根据能量刻度结果,还可以检验谱仪的线性范围和线性优劣。一般,能量的刻度曲线近似为一直线。当实验条件变化时,应重新进行谱仪的能量刻度。

(4) 探测效率

要确定 γ 射线的强度，必须知道探测器的探测效率。探测效率既与 γ 射线的能量有关，又与探测器的类型、晶体的大小、形状及源与探测器的几何位置等因素有关，所以要对每一台谱仪单独进行效率刻度。由于高纯锗的灵敏区和 NaI(Tl) 的灵敏区不同，所以没有标准的效率曲线。但对于高纯锗探测器，实验上可以测量全能峰的绝对效率。绝对全能峰探测效率 ε_p 是指全能峰下面的面积所对应的计数（简称全能峰计数）与放射源发射的 γ 射线数目之比，这个效率是整个探测系统的效率。一般利用一套能量与强度都已经精确知道的标准源进行直接测定。

绝对全能峰探测效率 ε_p 刻度的过程如下：

① 将 ^{60}Co 源置于探测器轴线上距离探测器 25 cm 处，放置一段时间，同时记录好能谱测量时间 t，用于后面计算 γ 射线理论计数 N_{th}，最后得到该探测器的 γ 能谱。在效率刻度之前，先进行能量刻度，准确得到全能峰所对应的能量，以便后面效率刻度的能量点的选择。

② 效率刻度需要用到 ^{60}Co 源的 γ 能谱中一些能量点，能量点选择可参考 NNDC 给出的 ^{60}Co 衰变信息，选择射线强度大的能量点，以便于后面的全能峰拟合得到计数值 N_{exp}，计算得到探测效率 ε_p，且选取的能量点尽可能覆盖低能到高能，以便后面能够较为准确地拟合出效率曲线。

③ 更换放射源 ^{137}Cs、^{133}Ba 和 ^{152}Eu，这三种源的效率刻度过程重复上述操作。使用几种放射源，是为了增加覆盖面与实验能量点数，关于这些源的 γ 能量点的选择，做到能量点互相补充，覆盖较大能量范围，以便拟合出最好效率曲线，提高拟合的准确性。对于高纯锗探测器，使用多种标准源有一定好处，可互相比对以及检验效率刻度的准确性。

三、实验装置

本实验用高纯锗探测器 1 个，谱仪放大器 1 个，高压电源和多道脉冲幅度分析器各 1 个，μCi 级 ^{60}Co、^{137}Cs、^{133}Ba 和 ^{152}Eu 放射源各 1 个。图 4.6-3 所示为本实验装置方框图。

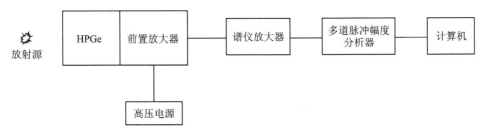

图 4.6-3 本实验装置方框图

四、实验内容

① 选择高纯锗 γ 谱仪的工作条件。

② 测量 γ 能谱，对谱仪进行能量刻度。

③ 确定谱仪的能量分辨率和峰康比。

④ 利用能量刻度后的 γ 能谱，通过对数据拟合和计算，确定谱仪的绝对效率，拟合出效率曲线。

五、实验步骤

1. 选择高纯锗 γ 谱仪的工作条件

① 按照实验装置图 4.6-3 连接好实验仪器。

② 在探测器前适当位置放置 ^{60}Co 源,探测器偏压缓慢升到规定值。

③ 调节谱仪放大器的粗调和细调旋钮,用示波器观察谱仪放大器输出的脉冲信号的幅度,并使得 ^{60}Co 的 1.33 MeV 全能峰落在多道分析器总道数的合适位置上。

④ 调节谱仪放大器的成形时间常数,用示波器观察谱仪放大器输出的脉冲信号,并使得 ^{60}Co 的 1.33 MeV 全能峰的宽度最小。成形时间一般选为 3 μs。

⑤ 调节极零相消旋钮,用示波器观察谱仪放大器输出的脉冲信号,使得脉冲的后沿回到基线。

2. 能量刻度

测量放射源 ^{60}Co 的 γ 能谱,从测定的 γ 能谱中确定各个能量点的探测效率。下面以放射源 ^{60}Co 为例介绍实验步骤和计算过程,^{137}Cs 源的实验步骤和计算过程与其相同。

① 将 μCi 级 ^{60}Co 源放在离探测器中心 25 cm 处的探测器轴线上。

② 在选好的谱仪条件下,测量 ^{60}Co 源的 γ 能谱,全能峰中心道计数要求达到足够统计,并记录测量总时长 t。

③ 依次放入 ^{137}Cs、^{133}Ba 和 ^{152}Eu 源,测量它们的 γ 能谱,并使得测量计数达到足够统计,同时记录测量总时长 t。

④ 一般多道脉冲幅度分析器的道址与入射 γ 射线的能量 E 具有良好的线性关系:

$$E(x) = Gx + E_0$$

式中,x 是多道脉冲幅度分析器的道址;G 为增益,keV/ch;E_0 为零道址对应的 γ 射线的能量,称为截距。

对测量的 ^{60}Co、^{137}Cs、^{133}Ba 和 ^{152}Eu 源的 γ 能谱进行分析,得到全能峰的道址和全能峰的半高宽。把道址对应的能量依次描绘在图上,对所有的数据点进行直线拟合,可得到能量-道址关系式。

⑤ 利用能量-道址关系式,求出 1.33 MeV 全能峰的展宽 ΔE。

⑥ 对 ^{60}Co 源的 γ 能谱进行分析,得到 1.33 MeV 峰中心的计数,以及康普顿坪(1 040~1 096 keV)的平均计数,然后根据峰康比的定义确定其值。

3. 确定探测效率

① 对 γ 能谱进行分析,得到不同能量点下 γ 射线的信息,主要是 γ 射线能量和强度(全能峰面积)信息。对全能峰进行拟合,得到的峰面积的净计数就是实验测量的计数值 N_{exp}。

② 放射源实际活度:$A = A_0 e^{-\lambda T}$。其中,A_0 为放射源制备时的初始活度;T 为制备日期到实验日期的时间。

③ 各 γ 射线计算得到的计数:$N_{\text{th}} = AtB_R$。其中,t 为谱测量时间;B_R 为该能量 γ 射线的分支比,%。

④ 测量的探测效率:$\varepsilon_P = \dfrac{N_{\text{exp}}}{N_{\text{th}}}$。

其中 A_0、T、t 由实验记录得到，λ 和 B_R 在 NNDC 上可以查到。

⑤ 效率值的相对误差：

$$\frac{u(\varepsilon_P)}{\varepsilon_P} = \sqrt{\left[\frac{u(s)}{s}\right]^2 + \left[\frac{u(A_0)}{A_0}\right]^2 + [\lambda u(T)]^2 + \left[\frac{u(I)}{I}\right]^2 + \left[\frac{u(t)}{t}\right]^2} \tag{3.4}$$

式中，$u(s)$ 为拟合给出的误差，除以峰面积之后，得到的相对误差一般不大于 1%；A_0 有时没有给出误差值，可认为 $u(A_0) = 0$；$u(T) = \pm 12$ h，选择放射源中最小半衰期计算，相对误差不大于 0.5%；$u(I)$ 为 NNDC 给出的 γ 射线分支比的不确定度，对于分支比较大、$E_\gamma > 50$ keV 的 γ 射线来说，相对不确定度 $\frac{u(I)}{I} < 0.5\%$；计数时间均在半小时及以上，而精度是 10^{-8} s，因此 $\frac{u(t)}{t} \sim 0$，可忽略。

⑥ 得到所选能量点探测效率后，把能量和对应的探测效率描绘在图上，开始对实验数据点进行拟合，横坐标为能量(keV)，纵坐标为探测效率(ε_p)，最后效率计算曲线图如图 4.6-4 所示。

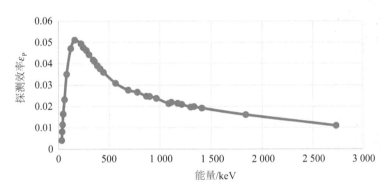

图 4.6-4 高纯锗 γ 探测效率曲线

六、思考题

1. 对高纯锗探测器和 NaI(Tl) 闪烁探测器进行对比，分析各自的差异，并给出解释。
2. 实验中，放射源和高纯锗探测器之间的距离对测量结果有何影响？
3. 测量 γ 谱的峰康比对 γ 能谱测量有何作用？
4. N 型和 P 型高纯锗探测器有何异同，使用场景是否有区别？
5. 在测量 γ 射线能量时，是否需要考虑对探头外壳的吸收效应进行能量吸收校正？

4.7 高气压电离室实验

一、实验目的

① 掌握电离室的工作原理；
② 掌握高气压电离室的结构和工作原理；
③ 掌握电离室稳定性和线性测量的方法；

④ 掌握电离室测量厚度原理和方法。

二、实验原理

1. 电离室简介

气体电离室应用广泛,种类也很多,根据工作状态不同可以分为基本电离室、盖革管和正比计数器。它们的结构类似,都是两个电极极板间充有工作气体,然后在两极间加上高压,通过收集气体的电离产生的离子对来测量辐射大小。20世纪70年代以后,气体辐射探测器又有了长足的发展,比如拥有更高灵敏度的多丝正比室,拥有更小体积的指型电离室,等等,这些新的气体辐射探测器在重离子物理和高能物理实验中有着广泛的应用。

电离室作为一种历史悠久的气体辐射探测器,在初期通常是半密封或者不密封的空气电离室,一般用于辐射剂量的测量以及伦琴标准的测定。随着科学的进步,出现了将高压或者常压的惰性气体作为工作介质的充气电离室。充气电离室的优点有:① 可选用合适的气体来改善电离室的探测性能,比如充入混合气可提高离子和电子的漂移速度,产生更多的离子对。② 可以通过提高充气压力的方式增大探测灵敏度。③ 完全密封后基本不受外界条件的影响,当外部的温度、压力和湿度变化时,测量结果不会有偏差。凭借这些优点,充气电离室不仅被广泛应用于核辐射试验中,在核工业测量系统和环境辐射监测中也发挥着十分重要的作用。

(1) 电离室的基本结构

电离室的基本结构如图4.7-1所示,它主要分为圆柱形和平板形,由以下两个部分组成:各种形状的电极,相互之间绝缘并分别连接到电源的高压端和地;工作气体,电离室的工作介质。改变电极的大小、形状、距离以及所加的电压,可以实现合乎要求的电场。与测量仪器连接的电极称为收集电极,收集电极外的环形电极或者管状电极称为保护环,保护环处于与信号收集电极相同的电位,主要作用是保护信号,减小漏电流,同时保证电场边缘均匀。对于充气电离室而言,灵敏体积内的工作气体具有特定的压力、纯度和成分,因此必须有一个耐压密封外壳将整个电极系统包起来。该外壳必须有足够优异的密封性,足以保证工作气体在若干年内不会出现可以观测到的变化。密封壳上应有引入导线的密封绝缘子以及排气、充气使用的排气管等,对于某些用于测量低穿透本领射线的电离室,电离室室壁上应该设有密封的"薄窗"。

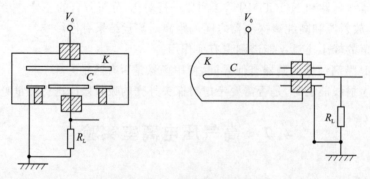

图 4.7-1 电离室的基本结构

(2) 电离室的工作原理

当带电粒子进入到探测器的灵敏体积中,在其运动径迹上会将探测气体电离出一系列的离子对,由于外加电场的作用,离子对产生之后正负电荷分开,分别向两极移动,所引起的感应电荷的变化和流动才会表现出来。当离子对漂移到电极板上被收集后,不管产生位置如何,外电路上流过的电荷量恒等于 e。如果测量回路中接有负载电阻,信号电流将在电阻上产生电压信号,我们把电离室探测器产生的信号电流直接流经的电路(包括测量仪器的输入阻抗在内)称为电离室的"输出回路",如图 4.7-2 所示。

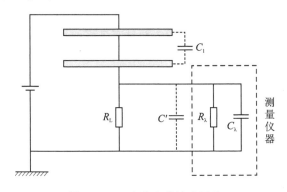

图 4.7-2 电离室的输出回路

(3) 充气电离室的结构和工艺

充气电离室与空气电离室相比,其主要特点在于工作介质是具有特定压力、特定组分的纯净气体。气体的工作压力可以高达 10 MPa,也可以低至 100 kPa,甚至是真空状态。工作气体的组成成分也是多种多样,可以是各种高纯惰性气体以及氮、二氧化碳或者甲烷等有机气体与高纯惰性气体的混合气体,还可以是 BF_3 等其他的特殊气体。实现特定的工作气体参数,包括组分和压力等,并保持不变,是充气电离室正常工作的首要条件。因此,结构和工艺对于充气电离室的设计研制具有特别重要的意义。

与一般电离室的基本结构相比较,充气电离室的实际结构要复杂很多。统观当前的这些形形色色的充气电离室,可以看出,它们都由下面三个基本部分组成:

1) 密封壳

密封壳用来保障所需工作气体的充入和保持气体状态的稳定。

密封壳优良的耐压与密封性能是充气电离室必须具备的前提条件,是其正常工作的保障。密封壳的结构与工艺必须能够保证密封壳的耐压强度大于工作气体压强的 1.6 倍,而总泄漏率则应小到不影响工作状态电离室的性能。

在某些情况下,密封壳体在保证气密性的同时,还充当着高压电极,或者与入射 X、γ 射线相互作用而产生次级粒子的"辐射体"。这时还需要考虑"高压电极"或者"辐射体"的要求,确定密封壳体的材料和结构,兼顾密封和其他功能。

在某些情况下,带电粒子或者 X、γ 射线能量较低,穿透本领较弱,容易被电离室室壁材料吸收。为使带电粒子或者 γ、X 射线能够射入电离室的灵敏体积内,密封壳上要根据需求设计"密封窗"。这种"密封窗"需要设计得足够薄,让入射粒子能够轻易穿过,同时还应具有足够的强度,具有良好的密封性能。

电离室的信号需要从内部引出,也就是说,电极系统的全部电极引线都必须通过密封壳引出。因此,壳体上必须具有相应的密封绝缘子,这是一种可以跟壳体进行焊接的绝缘器件,用来实现电信号引线和密封壳体的绝缘,并保证整体的气密性,所以"密封绝缘子"应该同时具有良好的密封性能和绝缘性能。此外,为了节省工作气体的量,密封壳内除了保证电极系统所需要的空间外,还应尽量减小一切杂散空间。

2) 工作气体

工作气体需要具备特定的压力和组分。

在充气电离室中,工作气体主要有以下两个作用:① 粒子射入灵敏体积后,完成电子、离子对的产生;② 离子、电子在电场中做漂移运动的载体。增加①的作用,可以提高电离室的灵敏度和探测效率;如果要求工作气体在②的方面具有良好的性能,则可以改善电离室的时间响应以及饱和特性。但是这两个性能要求之间往往存在矛盾,需要根据实际探测需求以及条件综合考虑。同时,还应当采用良好的充气工艺,以保证工作气体具备要求的纯度、组分和压力。

3) 电极系统

电极系统可以产生电场、收集电子、离子并输出信号。

在电离室中,电极系统的主要作用是形成电场,收集离子、电子并产生输出信号;在X、γ、光子等射线的探测过程中,还可以起到"固体辐射体"的作用。在电极系统设计中,首先要求电极系统结构应能使灵敏体积内的电场分布尽量均匀,设法避免一切过强和过弱的"电场异常区"。过强会导致局部放电的提前发生,过弱则会导致在此区域的离子对很难收集,从而减弱信号并产生误差。这两种现象都会导致电离室的失败。

充气电离室的密封壳一般是不可拆卸或者很难拆卸的,因此电极系统一旦被安装到电离室之后,就很难再对其改装或者调整。这对电极系统的可靠性提出了比较高的要求,需要从结构设计和装架工艺两方面入手,保证其万无一失。每一种新的电极系统设计完成之后,都必须先做出样品,并安置在试验台架上,进行必要的振动、冲击等试验,只有通过了例行试验的电极系统设计才能够实际使用。根据经验,螺钉螺母的连接方式很难承受振动和冲击,会有脱落的危险,因此在电极系统中应尽量避免采用螺钉和螺母的紧固方式,最好使用焊接、压配等技术完成连接封装和紧固,以保证电极系统的极端稳定。电极系统装架完成之后,需要先进行可靠性检验,之后才能放入电离室密封系统内,以防止任何隐患进入密封壳中。除了机械方面的可靠性需要检验之外,还需要预加高压,检验是否有任何"放电"现象发生,在这个检验中预加高压应远高于工作电压并反复试验多次。

(4) 电离室的信号测量

最早期测量电离室信号的弱电流放大器是由电子管制作的,其体积硕大,耗电量很高。随着晶体管的出现,前置放大器已经逐渐改用场效应管电路。现在累计电流测量的前置放大器大都选用集成运算放大器,当然一些低噪声情况下的脉冲电荷测量仍然需要采用分立的前置放大器。在累计电离室的信号测量中,常常需要测量 $10^{-6} \sim 10^{-13}$ A 甚至更小的低频电流信号。显然,用普通的电流表不能测量这样微弱的电流,因此需要使用更高灵敏度的弱电流放大器,也称之为累计电流前置放大器,将待测的电流信号加以放大和变换之后再进行测量。下面介绍几种常用的放大变换技术。

1) V 变换技术

最常用的弱电流放大器就是采用 $I-V$ 变换技术的放大器,它的常用方法是让待测电离室电流 $I(t)$ 流过一个高阻 R,测量电阻两端的电压 $V(t)$,得到待测电流:

$$I(t)=\frac{V(t)}{R} \tag{4.7-1}$$

图 4.7-3 所示为采用 $I-V$ 变换技术的累计电流前置放大器。图中,$I(t)$ 是电离室的输

出信号；R_d 是电离室收集电极对地的绝缘电阻；$C_d = C_{sh} + C_{sd}$，是电离室的输出电容；A 是放大器；R 是用来实现 $I-V$ 变换的高阻。为了测量准确，电阻 R_d 必须远大于 R；同样高阻 R 也必须远远小于放大器的输入阻抗 R_i，即 $R \ll R_d, R \ll R_i$。由于 R_d 和 R_i 的大小通常为 $10^{13} \sim 10^{14}$ Ω，因此 R 的值通常也要小于 10^{11} Ω。很显然，这种电路的电流测量分辨能力受到了高阻 R 的限制。另外，电离室存在一定的输出电容，如果 R 值过大则会导致时间常数过大，不利于快信号的测量。

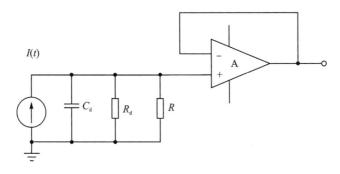

图 4.7-3　采用 $I-V$ 变换技术的累计电流前置放大器

为了改善上述方法中的时间特性和提高灵敏度，人们引入了负反馈技术，具体电路原理图如图 4.7-4 所示。放大器的响应时间由 R_f 和 C_f 决定，这样反馈电阻 R_f 可以取得很大，能够进一步提高放大器的灵敏度。与此同时，反馈电容 C_f 可以取得很小，有利于快信号的测量。这种方法将电流信号转变为电压信号，可以对电流信号进行实时测量，同时该方法还具有结构简单的特点，因此使用比较广泛。

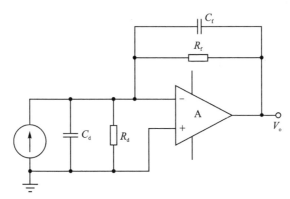

图 4.7-4　负反馈技术

2）动电容调制技术

动电容调制技术是指将待测的低频电流信号通过调制转变为交流电压，之后进行交流放大，对交流信号解调之后再进行测量。这种方法，放大过程的对象是调制后的交流信号，放大过程是由交流放大器完成的，而不是直流放大器，因此从根本上解决了直流放大器的漂移问题，同时直流放大器上存在的低频噪声问题也得到了抑制。采用这种技术的弱电流放大器，相对具有很高的灵敏度，可以低至 10^{-15} A 量级。图 4.7-5 是动电容调制的弱电流放大器的原理图。其中，C_0 为振动电容，通常这种电容器是由两个极板组成的，两极板之间的距离可以通过外加的激励源控制,从而改变电容的大小。当激励信号是一个角频率为 ω 的激励信号时,电容器极板之间的距离也会以同样的频率振荡,电容值也会跟着变化,即 $C = C_0/(1+\delta\sin\omega t)$。当有电流信号流入该振荡电容中时,该电容会产生一个交流电压,经过后边的 C_1 隔离直流信号进入交流放大器 A 中;信号经过放大、检波得到直流电压 V_o 输出,通过反馈电阻再反馈到输入端,最后形成电流平衡,使得 $V=R_f I$。

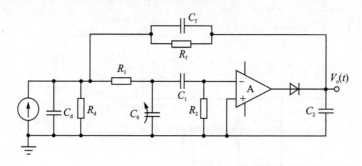

图 4.7-5 动电容调制的弱电流放大器原理图

动电容方法做成的成品静电计在市面上有很多比较成熟的产品,而且测量下限也比较低,同时还具有灵敏度高、可靠性好以及十分稳定的优点。但是,根据原理可知,动电容静电计使用条件比较苛刻,需要避免振动,对环境的温度和湿度也有很高的要求。此外,这种静电计体积都比较庞大,不适合携带,更适合在实验室里使用。

3) 积分型测量方法

测量累计电离室的弱电流放大器还可以采用积分型测量方法。这种方法主要是给出一段时间内累积的电离室电流大小,它可以分为两种:漂移法和汤逊平衡法。它们实际上都是一种积分器,通过对电容充电来测量电流,只是在对电容两端电压的处理上有所不同。

漂移法又称反馈式电流积分法,是指在反馈电容上电压达到设定之后,电容放电,不断反复,然后将电流信号转化为相关的频率信号,所以也称为电流-频率变换($I-F$)放大器。具体方法是将电流信号 I 转换为脉冲信号,并使脉冲频率 f 与输入电流 I 成正比,来测量电离室电流。电路是将图 4.7-4 中的反馈电阻 R_f 用一个开关 K 代替,放大器的输出端与一个电压比较器相连接。开始时开关断开,当有电离室的输出电流信号馈入放大器 A 的输入端时,放大器对反馈电容 C_f 充电,输出电压 V_o。当 V_o 超过某一个阈值时,比较器翻转,输出一个脉冲信号,开关 K 闭合,反馈电容 C_f 放电,随后开关断开回到初始状态。如此充电、放电,不断循环,不断输出脉冲信号。$I-F$ 变换电路使用开关 K 代替了反馈电阻,有利于降低噪声,提高信号测量的灵敏度,但是电路速度会受到高性能开关 K 的速度限制,相对而言比较适合变化较慢的信号的测量。

汤逊平衡法是通过在设置的两个参考电压之间测量反馈电容变化的时间,根据测得的电压变化率求得电流值。这两种方法本质上输出的都是某一个时间段内电流信号的平均值,因此不能实时地反映电流的变化,不能进行实时监测。但是,这种方法可以对噪声有很大的抑制效果,而且可以做成很宽的量程。

(5) 高气压电离室的结构

工业核测控仪表和系统是核技术应用在工业上的一个主要方面。各种各样的射线探测器在核测控仪表中的应用很多,但是充气电离室由于具有高灵敏度、高可靠性以及承受恶劣环境条件的能力,使得高气压电离室已经成为在核测控仪器仪表中应用最为广泛的一种核辐射探测器。

高气压电离室与普通的常压电离室相比,主要特点在于工作介质是内部可以充入特定组分的工作气体,气体的压力也可以根据要求进行调节。为了保证电离室内部气体组分和状态稳定,高气压电离室的密封工作也是必不可少的一个环节。为了保证电离室有很好的密封性能,并且提高高气压电离室在复杂环境工作时的抗干扰的能力,我们选取焊接技术作为电离室的密封方式。选择了氩气作为电离室的工作气体。

不锈钢在力学性能、抗腐蚀性上都是最好的,并且不锈钢和陶瓷绝缘子的焊接也是比较容易解决的,同时其对γ射线的阻挡本领也相对不错,选用不锈钢作为室壁材料,其设计难度和加工难度都会相对较小,性能也会比较优异。此外,考虑到铁的原子系数和氩气的原子系数比较接近,因而选择氩气和不锈钢作为电离室探测器的主要体系时,钢壁引起的非电子平衡会比较小。因此,最终我们决定选取不锈钢作为高气压电离室的室壁材料。

高气压电离室的室壁会阻挡一定量的γ射线,同时室壁材料也会跟入射的γ射线发生相互作用。γ射线在低能区与物质的相互作用是光电效应,光电效应的吸收截面跟物质的原子序数的四次方成正比例关系,而高气压电离室的不锈钢壁材的原子序数是26,这大约是空气的有效原子序数的3.4倍,因此在大约100 keV的低能区电离室的响应就会偏高,如图4.7-6所示。图中左边有鼓包的曲线便是此时的能量响应特性曲线。

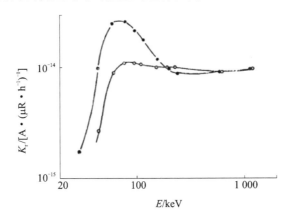

图 4.7-6　电离室能量响应特性曲线

针对低能段的响应偏高的现象,一般采用过滤补偿的修正方法。这种方法是采用室壁外贴补偿片的方法,增加部分电离室室壁的厚度,屏蔽掉一定份额的低能射线,而其余份额的低能辐射仍然可以从没有增加厚度的部分通过。因此,我们可以通过选择合适的屏蔽系数,设计合适的面积和厚度吸收片的方法,获得一个较好的能量响应平台,最终可以获得能量响应特性曲线图,如图4.7-6中空心点曲线所示,但在一定程度上仍会削减电离室测量的能量下限。此时为过滤补偿性高气压电离室。

高气压电离室测量的射线一般能量较低,剂量较低,因此输出的电信号是十分微弱的。为了精确测量这个电信号,便需要弱电流放大器。弱电流放大器采用 I-V 变换的方法,这种方法将电流信号转变为电压信号,再通过电压-频率转换部分即可以将电压信号转换成频率信号。

2. 电离室的特性和测量原理

(1) 电离室的稳定性

高气压电离室的一个重要指标就是长时间工作性能的稳定性。为了测试这一指标，保持探头的工作状态和位置、标准物质(或本底)的位置不变，每隔一段时间记录输出电压值。本实验分不同剂量测试，记录数据并进行数据处理。

就稳定性实验而言，假设电离室的输出电压每次为 x_i，n 次显示的平均电压为 $\bar{x}$，则长时间工作后，其性能的变异系数为

$$V = \frac{\sqrt{\dfrac{1}{n-1}\sum_{i=1}^{n}(x_i-\bar{x})^2}}{\bar{x}} \qquad (4.7-2)$$

变异系数 V 的值越小，说明电离室的稳定性越好。

(2) 电离室的线性

根据平方反比定律，射线的放射强度会随着放射源距离的增加而迅速减小，射线的强度跟放射源距离的平方成反比。因此，通过测量电离室信号的输出、测量点与放射源的距离，判断前者跟后者的平方是不是成反比关系来验证电离室的线性。

(3) 测厚原理

射线（α 射线、β 射线、γ 射线、X 射线等）通过隔挡物质时会有一定的衰减，衰减的程度与隔挡物质的种类、厚度有关，也与射线的种类和能量有关。若射线和隔挡物质种类确定，则通过物质后射线的剂量 N 与无隔挡时射线的剂量 N_0 满足下式：

$$N = N_0 e^{-\frac{d}{\tau}} \qquad (4.7-3)$$

式中，d 为隔挡物质的厚度；τ 仅与隔挡物质和射线的种类、能量有关，若隔挡物质种类、射线种类和能量确定，则 τ 为常数。

将式(4.7-3)两端取对数，得到

$$\ln N = \ln N_0 - \frac{d}{\tau} \qquad (4.7-4)$$

式(4.7-4)说明，在标准物质(或 X 光机)剂量、隔挡物质的种类、探头的工作状态固定的情况下，固定探头与标准物质(或 X 光机)的位置不变，用若干不同厚度的同种隔挡物质刻度出 $\ln N$-d 曲线，即可由测得的 N 确定出该类隔挡物质的厚度，此即为测厚仪的测厚原理。

三、实验仪器和测量

1. 实验仪器

本实验用高气压电离室 1 台，装上位机软件的计算机 1 台，弱电流放大器 1 台，万用表 1 台，放射源 ^{241}Am、^{133}Ba 和 ^{90}Sr-^{90}Y。

2. 实验步骤

① 在仪器正常的情况下，分剂量长时间测量本底、^{241}Am 和 ^{133}Ba 的剂量，并每隔一段时间记录一次数据，每次记录的数据应不少于 5 个；然后按照式(4.7-2)得出仪器的变异系数，并依次判断仪器的稳定性是否正常。

② 连接仪器,接通电源,高气压电离室通过弱电流放大器连接到示波器上,等待仪器工作正常后,测量本底数据和不同辐射强度时的数据,每次测量点为 100 个。

③ 在仪器的稳定性正常的情况下,固定仪器与标准物质的位置不变,保持仪器的工作状态不变,在仪器和放射源间放入同种隔挡物质并量出隔挡物质的厚度,记录仪器的显示值 N 和隔挡物质的厚度 d,刻度出 $\ln N - d$ 的曲线并得出线性系数。

④ 选用 $^{90}Sr-^{90}Y$ 和 ^{241}Am 两种放射源,测量的材料主要是铜胶带和 A4 纸,设计不同的测量距离。对穿过不同厚度材料的射线进行测量,可以得到测量厚度值,观察其与实际厚度值的关系。对不同的条件总计进行 6 次测试。

四、改进措施

① 从仪器组装到初步调试(本报告中未给出)的过程中,发现本仪器在 500G 挡位极容易受到外界干扰,因此需要在结构上对整体仪器进行接地屏蔽,对前置放大器电路板进行特殊的干燥、气密、屏蔽处理。

② 在前置放大器电路的参数选择上,可以适当改变各挡位的量程,根据仪器具体的用途(测量样品的种类和厚度范围)可以设计放大倍数,使仪器工作电压在 1.5~3.5 V 范围内显示,即该量程的中间段。

③ 在结构上,给探头的入射窗设计一个保护装置,在仪器的运输、不工作期间对入射窗进行保护。

④ 更改探头的固定方式。

五、思考题

1. 制约高气压电离室性能的因素有哪些?
2. 实验中,充气气压、工作气体、射线入射方向和环境对高气压电离室的测量有何影响?
3. 如何选择高气压电离室的室壁材料以及确定室壁材料的厚度?

4.8 多像素光子计数器(MPPC)实验

一、实验目的

① 了解 MPPC 的工作原理和用途;
② 掌握结合 MPPC 制作闪烁探测器的方法和对其性能测试;
③ 掌握结合 MPPC 对制作成的塑料闪烁探测器进行时间和位置分辨测量的实验方法。

二、实验原理

多像素光子计数器简介

多像素光子计数器(Multi Pixel Photo Counter,简称 MPPC)是近几年发展起来的一种新型信号读出设备,是由滨松光学株式会社开发的,最初它是在俄罗斯发展的一种 Si-PM(硅光电倍增管)产品。MPPC 是一个 Si 基雪崩二极管的光子计数装置,目前已被欧洲核子研究中心(CERN)采用。滨松用 MPPC 的商标命名了这个产品。MPPC 是一种新兴的光子计数器,其中 Pixel 指一个工作在雪崩状态下的二极管探测器（APD）。MPPC 的主要优势是在较低工作电压下有较高增益倍数，可以探测强度很弱的 γ 射线。该器件的特色是采用了盖革模式雪崩光电二极管结构来实现超低量级光探测。该装置很容易与外部电路连接实现简单运转，其封装尺寸仅为 5 mm。该光子计数器有效面积为 1 mm×1 mm，工作像素模式有 100 pix、400 pix、1 600 pix 三种。每个像素包含一个猝熄电路，同时发生的光子事件被高精度计数。该器件的典型增益值为 25 万至几百万，具体数值依赖于像素数量。其对紫外线、蓝光探测效率更高，灵敏中心波长为 400 nm。与传统的光电倍增管不同，该器件可在低于 90 V 的电场下运转并且对磁场不敏感。滨松光子计数器提供的器件，其紧凑模块包含多像素光子计数器（1 600 pix、400 pix）、电流-电压转换电路、高电压功率供应电路、高速比较电路、计数电路及微处理器。光子探测阈值可通过计算机进行调节，模块与计算机间通过 USB 技术实现通信。该型计数器是许多领域的理想产品，例如正电子断层扫描术、高能物理、DNA 排序、荧光测量、核医学、药物检测、医学诊断装置、环境分析系统等。

目前在核物理实验研究方面，有时需要用到上百路的塑料闪烁体探测器，这就要求在探测器设置方面要小型化，性能上要能达到光电倍增管读出的塑料闪烁体探测器的性能。

三、实验仪器

本实验用型号为 S10362-33 的 MPPC，5 cm×5 cm、10 cm×10 cm 的塑料闪烁体，恒比定时器（ORTEC584），延迟器，符合单元（CO4020），时幅变换器，多道脉冲幅度分析器和计算机。

四、实验测量

1. MPPC 工作电路

MPPC 的工作电路如图 4.8-1 所示，实际操作中电容、电阻的选择需要视情况而定。我们所用的 MPPC 型号为 S10362-33，其反向击穿电压为 75 V 左右。

2. 测试电路

如图 4.8-2 所示，本次实验采用了分别在 5 cm×5 cm 和 10 cm×10 cm 塑料闪烁体的四周对称放置 4 个 MPPC 的方法来测定塑料闪烁体探测器的时间分辨和位置分辨。

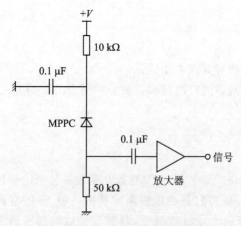

图 4.8-1　MPPC 的工作电路

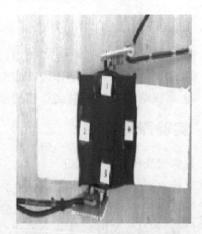

图 4.8-2　实验连接实物图

为了更好地测试 MPPC 的时间性能,每次用相对的两个 MPPC 进行测量。图 4.8-3 所示为搭建的实验测试电路图。用 ^{90}Sr-^{90}Y β 放射源去照射塑料闪烁体,其中相对的两个 MPPC 收集光子信号,经过光电转换,将两个 MPPC 的电信号分别经过恒比定时插件 584 进行定时操作。其中,将第一路信号经过定时后的 Timing 信号进行延迟,并与第二路的信号符合,将符合后的信号作为 start 信号;而第二路的 Timing 信号经过适当延迟后作为 stop 信号,这两路信号输入到时幅变换器 TAC,将时间间隔 Δt 转换成脉冲信号;然后将此信号送入多道脉冲幅度分析器(Multi Channel Analyzer,MCA),最后在计算机上得到时间谱,即测量到时间谱。

3. 坪曲线测量

说明书中型号为 S10362-33 的 MPPC 的工作电压为 75 V 左右,但在实验中观察发现,不同的 MPPC 工作电压有一些不同;所以,根据实际情况,需要测出实验所用的各个 MPPC 的工作电压,即坪曲线。图 4.8-4 所示为一个 5 cm×5 cm 塑料闪烁体的 MPPC 坪曲线,选取的该 MPPC 所加电压为 77 V。同理,可以得到每一个 MPPC 合适的工作电压。

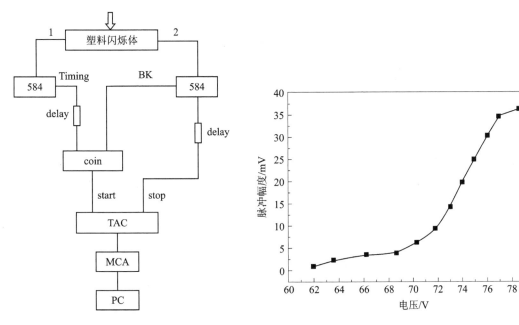

图 4.8-3 实验测试电路图

图 4.8-4 MPPC 坪曲线测试图

4. 时间分辨测量

在上述实验方案的指导下,综合考虑到放射源的散射和塑料闪烁体的特性,在有限束孔和无限束孔两种情况下配合使用 5 cm×5 cm 塑料闪烁体测试了 MPPC 的时间分辨。在 5 cm×5 cm 塑料闪烁体上选取了 9 个点,如图 4.8-5 所示,在有、无限束孔两种情况下测得实验数据。对时间分辨,通常采用时间谱中测得时间峰值一半处的宽度(Full Width of Half Maximum,FWHM)来表示。之后,按照图 4.8-5 的方式打了 9 个直径是 1 mm

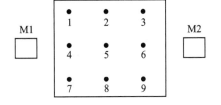

图 4.8-5 塑料闪烁体上选取的点

的孔,让放射源经过限束孔去辐照塑料闪烁体,然后再次重复上述步骤。

对比有、无限束孔情况下测得的 FWHM 结果,可以确认添加限束孔的优势,并分析原因。

对 10 cm×10 cm 的塑料闪烁体加了限束孔进行测试,将测得的 FWHM 结果与 5 cm× 5 cm 的 FWHM 结果进行比较,并分析原因。

5. 位置分辨

对位置分辨,主要是看相邻两个孔得到的时间分辨峰是否能够清楚地分开。因此对 5 cm× 5 cm 塑料闪烁体在不同位置测得的时间分辨谱进行对比,如图 4.8-6 所示。可以看出,其中能彼此分开的峰是位置 1、位置 2、位置 3、位置 6、位置 7、位置 8 和位置 9 处测得的峰。因此,根据图 4.8-5 中相邻两孔之间的距离 2.5 cm 可以得出结论:在 5 cm×5 cm 的塑料闪烁体情况下,利用 MPPC 能分开的最小距离是 2.5 cm。

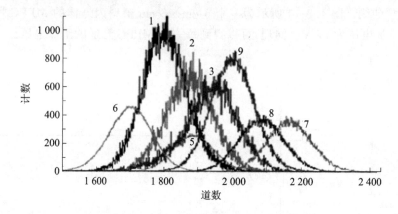

图 4.8-6 5 cm×5 cm 的塑料闪烁体位置分辨

五、思考题

1. 使用 MPPC 作为信号读出的优点有哪些?
2. MPPC 能否用于其他闪烁体的读出?
3. 实验中,射线的束斑大小、闪烁体的面积如何影响测量精度?

4.9 BaF_2 探测器实验

一、实验目的

① 了解 BaF_2(氟化钡)探测器基本性能;
② 了解 BaF_2 探测器的工作原理及其使用;
③ 掌握 BaF_2 探测器时间分辨测量方法和基本数据处理。

二、实验原理

BaF_2 闪烁体简介

BaF_2 单晶体是一种新型无机闪烁体,密度为 4.89 g/cm³。该晶体密度大、原子序数 Z

高,对γ射线探测效率高,常用于低能γ、X射线和正电子探测。其荧光光谱在紫外波段200～400 nm,有双峰,最强峰在310 nm;它属于紫外光区,故要求使用石英窗光电倍增管,或在普通光电倍增管前加波长转换剂。发光衰减时间有两种:一种是慢成分,其光衰减时间为630 ns,波长峰值为350 nm;另一种为快成分,其光衰减时间为0.6 ns,波长峰值为280 nm。其中快成分是无机闪烁晶体中发光衰减时间最短的闪烁光。用示波器记录的BaF_2探测器脉冲信号如图4.9-1所示。由图可知,BaF_2慢成分信号的衰减时间约为600 ns,快成分信号的上升沿和衰减沿约为5 ns,这个衰减时间比塑闪EJ-200的15 ns还要快。在实验中,对BaF_2的信号也可以观察到,快成分的比慢成分的强度要大,这是因为BaF_2晶体的快成分的光产额要比慢成分多。各种闪烁材料的相关性能如表4.9-1所列。

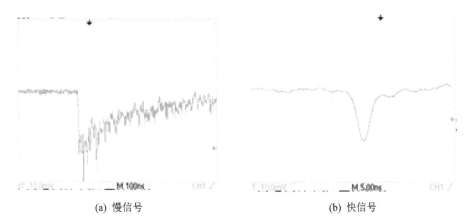

(a) 慢信号　　　　　　　　　　　　(b) 快信号

图 4.9-1　示波器测量的BaF_2探测器脉冲信号

表 4.9-1　各种闪烁体材料性能

闪烁体材料	最大强发射波长/ns	发光衰减时间	折射率	密度/(g·cm^{-3})	β和γ闪烁效率/%
NaI(Tl)	410	0.23 μs	1.85	3.67	100
CsI(Tl)	565	1.0 μs	1.79	4.51	45
BGO	480	0.3 μs	2.15	7.13	15～20
BaF_2	310	0.6 ns(慢) 600 ns(快)	1.56	4.89	5～16

闪烁效率定义为

$$\eta = \frac{荧光能量}{产生一次荧光带电粒子损耗能量}$$

表中所列的值是当NaI(Tl)晶体的闪烁效率为100%时其他晶体的相对闪烁效率。

对比BaF_2和BGO,对于大尺寸晶体,总的能量分辨上两者相差大约2倍;BaF_2对662 keV的γ射线能量分辨率为14%左右;而时间分辨,BaF_2要比BGO高出4倍。另外,BaF_2、BGO与NaI(Tl)相比,对keV的中子灵敏度低,尤其是核天体物理研究中,能引起研究者感兴趣的大多数同位素的中子结合能在6～8 MeV之间。在这个区间,BaF_2比BGO的中子灵敏度要低得多,这种本底对BaF_2探测器来说大部分可以通过在总能量中选取合适的上阈来分辨。因此,在实际实验中,BaF_2的中子本底会比较低。

BaF$_2$ 晶体的缺点是发光效率低,光产额比 NaI 小一个数量级;另外,该晶体有不可避免的镭污染,它与钡是化学上同族元素,会引起相对较高的时间上无关的本底。图 4.9-2 所示是探测到的 ^{137}Cs 能谱。多道最左边的是电子学噪声和康普顿坪,全能峰之后看到的峰主要是 α 本底。图 4.9-3 所示为探测到的 α 本底谱,在 Ra 中,目前 ^{226}Ra 的贡献是 ^{228}Ra 的 4 倍,并且由于 ^{228}Ra 的半衰期短,为 5.8 年,因此,这个贡献在逐渐减小。谱主要由 ^{226}Ra 衰变链的 4 个 α 线组成,能量分别为 4.8 MeV、5.5 MeV、6.0 MeV 和 7.7 MeV。在目前探测器的分辨能力下,很容易将这些线区分出来。第一个 α 峰内还混有 ^{40}K 的 γ 射线。

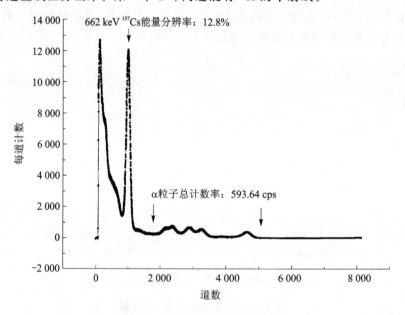

图 4.9-2 探测到的 ^{137}Cs 能谱

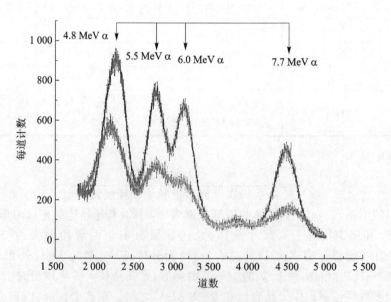

图 4.9-3 探测到的 α 本底谱

三、实验仪器及测量方法

1. 实验仪器

本实验用 BaF$_2$ 探测器、高压电源、线性放大器、多道脉冲幅度分析器及配带的软件、示波器、计算机和 ^{137}Cs 放射源。

2. 探测器信号测量

如前所述,BaF$_2$ 晶体有快慢两种发光成分,用示波器观察和记录 BaF$_2$ 探测器输出的信号,对比两种信号的脉冲形状和强度,给出脉冲的上升时间和下降时间。

3. 能量分辨率测量

能量分辨率是衡量探测器质量优劣的最重要指标。γ射线全能峰的分辨率 η 定义如下:

$$\eta = \frac{\Delta E}{\text{峰位}}$$

式中,ΔE 为能量峰半高宽,$\Delta E = 2.36\sigma$;σ 为高斯分布标准差。

测试单个 BaF$_2$ 探测器的能量分辨率采用 ^{137}Cs 标准放射源。能量分辨率测试使用的线路如图 4.9-4 所示。其中,放大器是 ORTEC572,高压电源 CAEN1470 用正高压 1 500 V。多道脉冲幅度分析器采用 ORTEC927,配带的能谱测量和分析软件是 Maestro32。

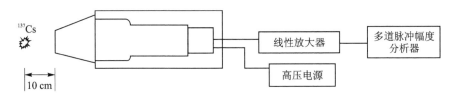

图 4.9-4 能量分辨率测试线路图

(1) 放大器输出幅度与能量分辨率的关系

给探测器加上工作电压,放大成形时间 2 μs,通过调节放大倍数改变主放输出幅度,测得 ^{137}Cs 全能峰峰位在多道不同道址时的能谱(每个输出幅度下连续测量两次),画出能量分辨率和输出幅度的分布曲线。可用 4 096 和 8 192 多道进行测量,比较两种情况下 ^{137}Cs 全能峰的能量分辨率。

在主放大器的线性范围内,能接受的最大输入为 10 V,超过 10 V 的输入已经不能做线性放大;输出信号反映在多道能谱上,就是高能部分谱的堆积,会影响分辨率的计算。所以,为了使放大器的输出不影响分辨率的计算,必须保证较合理的放大倍数。具体在测试时,只要通过调整放大倍数,保持全能峰位置在 4 096 多道的 500 道(8 192 多道的 1 000 道)附近即可。

(2) 放大器成形时间与能量分辨率的关系

在放大器各个不同的成形时间下,通过调节放大倍数使得输出幅度基本不变,由此得出不同成形时间下的分辨率,做分辨率和成形时间的关系曲线图。

(3) γ能谱测量

根据上面的测量,确定好放大器成形时间,并通过调节放大器放大倍数使不同电压下输出幅度不变,即测量中全能峰的峰位基本不变,在此前提下进行能量分辨率的测试,并观察有无放射源情况下能谱的异同。

四、思考题

1. BaF_2 探测器输出的信号与 NaI 和 $LaBr_3$ 探测器输出的信号有哪些异同？推断 BaF_2 探测器可进行哪些信息测量？
2. NaI 探测器的本底谱和 BaF_2 探测器的本底谱有哪些异同？
3. 对比 NaI 和 $LaBr_3$ 探测器的能量分辨率与 BaF_2 探测器的能量分辨率，说明它们是好还是差。

4.10 多丝正比室(MWPC)实验

一、实验目的

① 了解多丝正比室的工作原理和用途；
② 掌握多丝正比室信号读取的方法并进行位置分辨测量的实验。

二、实验原理

多丝正比室简介

多丝正比室(Multiwire Proportional Chamber,简称 MWPC)是 20 世纪由 G. Charpak 等在欧洲核子中心(CERN)发明的一种气体探测器，具有探测效率高、位置分辨好、允许计数率高的特点，在原子核物理学、宇宙线物理学、天文学、生物学、医学、X 射线晶体学以及非破坏性材料试验等很多领域都有着广泛的作用。G. Charpak 也因此于 1992 年获诺贝尔物理学奖。

多丝正比室是工作在正比区的一种气体探测器，其结构主体由阳极丝平面和阴极平面组成，阴极平面有时用丝组成，有时用镀铝麦拉膜组成，具体如图 4.10-1 所示。

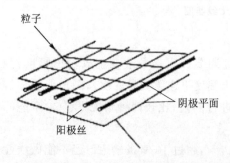

图 4.10-1 多丝正比室的丝结构

多丝正比室的工作流程为，射线进入探测器的灵敏体积后与工作气体发生相互作用并产生电子离子对，即初电离；电子在电场的作用下向最近的阳极丝漂移，在阳极丝表面附近加速并获得能量，再次电离工作气体，新电离出的电子会重复这个过程，即电子的雪崩。电子最终全部被阳极丝收集，产生信号。通常认为，多丝正比室的位置分辨为阳极丝间距的一半。

多丝正比室信号的读出方法有很多，如逐丝读出法、重心法、延迟线法等。其中，延迟线法因电路简单而被广泛应用。

延迟线读出法电路如图 4.10-2 所示。每根信号丝之间接入一个相同参数的 LC 电路，即丝之间有一个固定时间的延时，电路的左右两端为信号读出端。当丝收集到信号时，信号向延迟电路的两端传输，测量其时间差即可确定信号的位置。

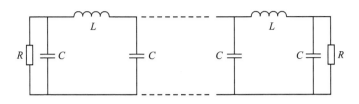

图 4.10-2 延迟线读出法的电路

三、实验仪器

本实验用多丝正比室、快电压放大器(FTA820)、恒比定时器(ORTEC584)、延迟器、符合单元(CO4020)、时幅变换器、多道脉冲幅度分析器及计算机。

四、实验测量

1. MWPC 工作参数

定制的多丝正比室采用阴极板接负高压、阳极板获取信号的结构进行设计,信号通过延迟线读出。探测器的工作负高压为 $-2\,250 \sim -1\,900$ V,LC 电路的延时参数为 2 ns。

2. 测试电路

图 4.10-3 所示为搭建的实验测试电路图。

用 ^{90}Sr-^{90}Y β 放射源去照射多丝正比室,β 射线与工作气体发生相互作用并产生信号,将延迟线两端的电信号分别经过恒比定时插件 584 进行定时操作。其中将第一路信号经过定时后的 Timing 信号进行延迟,并与第二路的信号符合,将符合后的信号作为 start 信号;而第二路的 Timing 信号经过适当延迟后作为 stop 信号,把两路信号输入到时幅变换器 TAC 里面,将时间间隔 Δt 转换成脉冲信号;再将脉冲信号送入多道脉冲幅度分析器(Multi Channel Analyzer,MCA),最终在计算机上得到时间谱,即测量到时间谱。

3. 坪曲线的测量

为了保证多丝正比室处于理想的工作状态,需要对其进行坪曲线的测量,即保持其他条件不变,仅更改工作电压,测出计数率与工作电压的关系。图 4.10-4 所示为以某型 MWPC 为例实际测得的坪曲线,选取该 MWPC 的工作电压为 $-2\,100$ V。同理,可以得到本实验 MWPC 合适的工作电压。

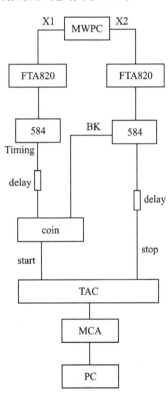

图 4.10-3 实验测试电路图

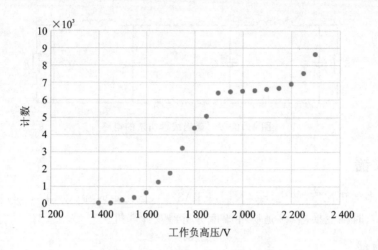

图 4.10-4　MWPC 坪曲线测试图

4. 位置分辨

对位置分辨,主要是看相邻两根丝得到的时间分辨峰是否能够清楚地分开。一个简单的方法是,使用非准直源照射整个探测器,最终的时间谱应该由若干个相对独立的峰值组成,峰的数量与信号丝的数量一致。图 4.10-5 为定制的多丝正比室的实际测试结果,共有 55 个峰,与阳极丝数量一致,且间隔均匀、基本没有重叠。

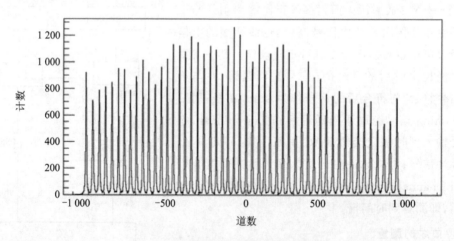

图 4.10-5　多丝正比室的实际位置分辨

五、思考题

1. 影响多丝正比室性能的因素有哪些?
2. 如何提高多丝正比室的探测效率?
3. 提高多丝正比室使用寿命的措施有哪些?
4. 简述多丝正比室的用途。

第 5 章 能量和时间测量实验

对于电子,由于质量上与重带电粒子相差很大,加上放射性核素的 β 能谱连续,因而在能量测量上会和重带电粒子的不同。磁分析法目前仍是分辨率最好、精度最高的 β 能谱测量方法。利用磁谱仪对 β 谱做细致测量,并对实验测到的原始数据进行处理,作出库里厄图,可求出 β 成分的最大能量和相对强度,再通过 β 谱的形状因子和 $\log ft$ 值可判断 β 跃迁属于何种类型。本章介绍了 β 粒子能谱测量和涉及此方面的相关内容。γ 射线能谱测量是核辐射探测的一个重要方面,在核物理研究中,测量 γ 射线角关联实验研究都离不开对 γ 射线的测量。本章介绍了 γ 射线方向角关联实验,其中涉及如何利用符合反符合技术选择 γ 射线,了解 γ 射线角关联实验的基本原理和方法以及在原子核结构研究方面的用途和意义。核事件的许多信息是以时间信息方式存在于核辐射探测器输出信号中的,粒子的空间位置也常表现为探测器输出的时间信息。因此,有必要对探测器输出信号所携带的时间信息进行分析。在用探测器进行时间信息测量中,常用时间分辨衡量探测器的时间分辨性能,因此,时间分辨测量是研究探测器性能非常重要的一个参数。本章介绍了塑料闪烁体探测器时间分辨测量、μ 子的寿命测量等实验,让学生能够了解定时方法、符合方法和时间谱测量方法。

5.1 β 粒子能谱测量

由于原子核 β 衰变放出的 β 射线能谱是连续的,所以对其能谱测量不同于其他射线,需要高精度测量技术和方法。对得到能谱进行库里厄分析,就可以给出原子核能级的自旋宇称,这也是原子核结构研究领域非常重要的内容。

一、实验目的

① 学习 β 磁谱仪测量原理;
② 掌握闪烁体探测器的使用方法和核辐射探测方法;
③ 了解 β 衰变以及能谱特点;
④ 学习和掌握实验数据分析和处理的一些方法。

二、实验原理

β 衰变是指原子核自发地放射出 β 粒子或俘获一个轨道电子而发生的转变。β 粒子是电子和正电子的统称。电子和正电子,它们的质量相同,电荷的大小也相等,但电荷符号相反。原子核衰变时,放出电子的过程称为 $β^-$ 衰变;放出正电子的过程称为 $β^+$ 衰变。另外,还有一种 β 衰变过程,即原子核从核外的电子壳层中俘获一个轨道电子,称之为轨道电子俘获。俘获 K 层电子,称为 K 俘获。俘获 L 层电子,称为 L 俘获。以此类推。由于 K 层电子最靠近原子核,因而一般 K 俘获的概率最大。

无数实验指出,β 粒子的能谱与 α 粒子能谱不同,不是分立的而是连续的,即 β 衰变时放射出来的β射线,其强度随能量的变化为一连续分布。图5.1-1是实验测得的β能谱的一般情形。由图可见:① β粒子的能量是连续分布的;② 有一确定的最大能量E_m;③ 曲线有一极大值,即在某一能量处强度最大。

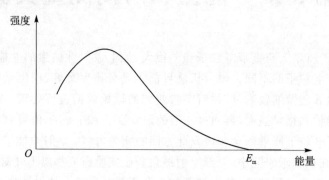

图5.1-1　β能谱

通常,用来测量β能谱的实验装置称为β磁谱仪。利用带电粒子在磁场中偏转可以测定它的能量。所不同的是,β粒子的质量比α粒子的质量轻得多,因而它的速度比相同能量的α粒子的速度要高得多。例如,同样为4 MeV的能量,α粒子的速度约为光速c的5%,而β粒子的速度却为光速c的99.5%,可见β粒子的速度接近光速。因此,在处理β粒子的有关问题时,必须考虑相对论效应。

根据相对论,β粒子的总能量E与动量p有如下关系:

$$E^2 - c^2 p^2 = E_0^2 \tag{5.1-1}$$

式中,$E_0 = m_0 c^2 = 0.511$ MeV,m_0为电子的静止质量,c为光速。

于是,β粒子的动能表示为

$$E_k = E - E_0 = \sqrt{c^2 p^2 + m_0^2 c^4} - m_0 c^2 \tag{5.1-2}$$

其中

$$p = eBR \tag{5.1-3}$$

式中,e为β粒子的电荷,$e = 1.6 \times 10^{-19}$ C;R为β粒子轨道的半径,为源与探测器间距的一半。

实验上只要测得源与探测器之间的距离Δx,就可以得到动量$p = eB\Delta x/2$,代入式(5.1-2)就可以得到动能E_k。另外,在磁场外距β源x处放置一个β能量探测器,用于接收从该处出射的β粒子,则这些粒子的能量(即动能)就可以由探测器直接测出。因此,在本实验中可以用两种方法得到β粒子的动能。

本实验选用^{90}Sr-^{90}Y源0~2.27 MeV β射线,射出的β粒子具有连续的能量分布,因此探测器在不同位置(不同Δx)就可以测得一系列不同的能量,同时探测器也可以测得一系列不同的能量。

按照原子核β衰变的费米理论,可以得到原子核β衰变概率公式:

$$I(p)\mathrm{d}p = \frac{g^2 |M_{if}|^2}{2\pi^3 c^3 \hbar^7} F(Z,E)(E_m - E)^2 p^2 \mathrm{d}p \tag{5.1-4}$$

式中,$F(Z,E)$是考虑库仑场影响的修正因子;E_m为β粒子的最大能量;M_{if}为β衰变的跃迁矩阵元;g是描写电子-中微子场与核子的相互作用常量,为弱相互作用常量;p为β粒子的动量。

在非相对论近似中，$F(Z,E)$ 可以表示为

$$F(Z,E) = \frac{x}{1-e^{-x}} \tag{5.1-5}$$

对于 β^- 衰变，$x = \dfrac{2\pi Z c}{137 v}$，其中 v 为 β 粒子的速度，Z 为子核的核电荷数。

令 $K = g|M_{if}|/(2\pi^3 c^3 \hbar^7)^{1/2}$，则

$$[I(p)/Fp^2]^{1/2} = K(E_m - E) \tag{5.1-6}$$

因此，实验测量 β 射线的动量分布，作出 $[I(p)/Fp^2]^{1/2}$ 对 E 的图，看它是否是一条直线，然后理论和实验进行比较。用这种方法表示实验结果的图，称为库里厄(Kurie)图。

若 β 衰变为容许跃迁即 $\Delta\pi = +1$，$\Delta I = 0, \pm 1$，其中 ΔI 代表衰变前后原子核（母核和子核）的自旋变化，即母核自旋与子核自旋之差 ($\Delta I = I_i - I_f$)；$\Delta\pi$ 代表母核与子核的宇称变化，即母核宇称与子核宇称之积 ($\Delta\pi = \pi_i \pi_f$)；则 $\Delta\pi = +1$ 表示母核与子核宇称相同，$\Delta\pi = -1$ 表示母核与子核的宇称相反。$K = g|M_{if}|/(2\pi^3 c^3 \hbar^7)^{1/2} = g|M|/(2\pi^3 c^3 \hbar^7)^{1/2}$ 为常量，M 是原子核的矩阵元。库里厄图使得 β 能谱的实验结果成一条直线，可以比较精确地确定 β 谱的最大能量 E_m。

若 β 衰变为禁戒跃迁，跃迁矩阵元不等于原子核矩阵元 M，M_{if} 与原子核的波函数有关。引入 n 级形状因子 $S_n(E)$，对于选择定则 $\Delta I = \pm 2$ 的禁戒跃迁，其 $S_1(E)$ 值为

$$S_1(E) = (W^2 - 1) + (W_0 - W)^2 \tag{5.1-7}$$

式中，$W = (E + m_0 c^2)/m_0 c^2$，$W_0 = (E_m + m_0 c^2)/m_0 c^2$。由此可得 $M_{if} = M[S_n(E)]^{1/2}$，于是 $[I(p)/Fp^2 S_n]^{1/2} = K(E_m - E)$。经过修正后，禁戒跃迁的库里厄图仍然可能是一条直线，分析跃迁的性质，确定禁戒跃迁的级次，从而可以获得有关原子核能级自旋和宇称的知识。

三、实验装置

图 5.1-2 所示为本实验装置示意图。实验中将会用到放射源 ^{60}Co、^{137}Cs、^{90}Sr-^{90}Y，磁谱仪，NaI 闪烁体探测器，电子学插件（包括高压电源、主放大器、多道脉冲幅度分析器），计算机和机械泵。

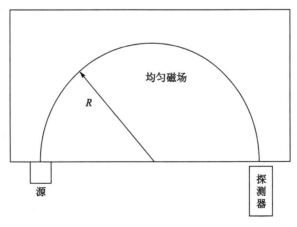

图 5.1-2 本实验装置示意图

四、实验内容与步骤

1. 仪器定标

① 检查仪器线路连接是否正确,然后开启高压电源开始工作。

② 打开 ^{60}Co γ 定标源的盖子,移动闪烁体探测器使其狭缝对准 ^{60}Co 源的出射孔并开始计数测量。

③ 调整加到闪烁体探测器上的高压和放大器放大倍数,使测得 ^{60}Co 的 1.33 MeV 峰位道数在一个比较合理的位置(建议在多道脉冲幅度分析器总道数的 50%~70% 之间,这样既可以保证测量高能 β 粒子(1.8~1.9 MeV)时不超出量程范围,又充分利用了多道脉冲幅度分析器的有效探测范围)。

④ 选择好高压和放大倍数值后,稳定 10~20 min。

⑤ 正式开始对 NaI(Tl) 闪烁体探测器进行能量定标,首先测量 ^{60}Co 的 γ 能谱,等 1.33 MeV 光电峰的峰计数达到合理计数时(尽量减小统计涨落带来的误差),对能谱进行数据分析,记录下 1.17 MeV 和 1.33 MeV 两个光电峰在多道能谱分析器上对应的道数 CH_1、CH_2。

⑥ 移开探测器,盖上 ^{60}Co γ 定标源的盖子,然后打开 ^{137}Cs γ 定标源的盖子并移动闪烁体探测器使其狭缝对准 ^{137}Cs 源的出射孔,开始进行计数测量,等 0.661 MeV 光电峰的峰计数达到 1 000 后对能谱进行数据分析,记录下 0.184 MeV 反散射峰和 0.661 MeV 光电峰在多道能谱分析器上对应的道数 CH_3、CH_4。

⑦ 盖上 ^{137}Cs γ 定标源的盖子,打开机械泵抽真空(机械泵正常运转 2~3 min 即可停止工作)。

2. β 射线偏转

① 盖上有机玻璃罩,打开 ^{90}Sr-^{90}Y β 源的盖子,开始测量快速电子的动量和动能,探测器与 β 源的距离 Δx 尽可能近,能够测量到低能 β 射线;同时距离 Δx 尽可能大,能够测量到高能 β 射线。保证获得动能范围 0.4~2.2 MeV 的电子。

② 选定探测器位置后开始逐个测量单能电子能量,每次测量的计数时间要相同,记下峰位道数、粒子出射相应的位置坐标 x 和计数。

③ 全部数据测量完毕后,盖上 ^{90}Sr-^{90}Y β 源的盖子,关闭仪器电源。

3. 数据处理

β 粒子与物质相互作用是一个很复杂的问题,如何对其损失的能量进行必要的修正十分重要。

(1) β 粒子在 Al 膜中的能量损失修正

在计算 β 粒子动能时还需要对粒子穿过 Al 膜(220 μm;200 μm 为 NaI(Tl) 晶体的铝膜密封层厚度,20 μm 为反射层的铝膜厚度)时的动能予以修正,计算方法如下。

设 β 粒子在 Al 膜中穿越 Δx 的动能损失为 ΔE,则

$$\Delta E = \frac{dE}{dx \cdot \rho} \rho \Delta x \qquad (5.1-8)$$

式中,$\frac{dE}{dx \cdot \rho}$ 为 Al 对 β 粒子的能量吸收系数,$\frac{dE}{dx \cdot \rho} < 0$;$\rho$ 为 Al 的密度。

$\dfrac{\mathrm{d}E}{\mathrm{d}x \cdot \rho}$ 是关于 E 的函数，不同 E 的情况下 $\dfrac{\mathrm{d}E}{\mathrm{d}x \cdot \rho}$ 的取值可以通过计算得到。可设 $\dfrac{\mathrm{d}E}{\mathrm{d}x \cdot \rho} = K(E)$，则 $\Delta E = K(E) \Delta x$；取 $\Delta x \to 0$，则 β 粒子穿过整个 Al 膜的能量损失为

$$E_2 - E_1 = \int_{x}^{x+d} K(E) \mathrm{d}x$$

即

$$E_1 = E_2 - \int_{x}^{x+d} K(E) \mathrm{d}x \tag{5.1-9}$$

式中，d 为薄膜的厚度；E_2 为出射后的动能；E_1 为入射前的动能。

由于实验探测到的是经 Al 膜后的动能，所以经公式(5.1-9)可计算出修正后的动能(即入射前的动能)。表 5.1-1 列出了根据本计算程序求出的入射动能 E_1 和出射动能 E_2 的对应关系。

表 5.1-1　入射动能 E_1 和出射动能 E_2 的对应关系表

E_1/MeV	E_2/MeV	E_1/MeV	E_2/MeV	E_1/MeV	E_2/MeV
0.317	0.200	0.887	0.800	1.489	1.400
0.360	0.250	0.937	0.850	1.536	1.450
0.404	0.300	0.988	0.900	1.583	1.500
0.451	0.350	1.039	0.950	1.638	1.550
0.497	0.400	1.090	1.000	1.685	1.600
0.545	0.450	1.137	1.050	1.740	1.650
0.595	0.500	1.184	1.100	1.787	1.700
0.640	0.550	1.239	1.150	1.834	1.750
0.690	0.600	1.286	1.200	1.889	1.800
0.740	0.650	1.333	1.250	1.936	1.850
0.790	0.700	1.388	1.300	1.991	1.900
0.840	0.750	1.435	1.350	2.038	1.950

(2) β 粒子在有机塑料薄膜中的能量损失修正

此外，实验表明封装真空室的有机塑料薄膜对 β 粒子存在一定的能量吸收，尤其对小于 0.4 MeV 的 β 粒子吸收近 0.02 MeV。由于塑料薄膜的厚度及物质组分难以测量，可采用实验的方法进行修正。实验测量了不同能量下入射动能 E_k 和出射动能 E_0(单位均为 MeV)的关系，采用分段插值的方法进行计算。具体数据见表 5.1-2。

表 5.1-2　入射动能 E_k 和出射动能 E_0 的关系

E_k/MeV	0.382	0.581	0.777	0.973	1.173	1.367	1.567	1.752
E_0/MeV	0.365	0.571	0.770	0.966	1.166	1.360	1.557	1.747

能量修正后，作出计数和动能 E_k 的分布图。

(3) 根据偏转的距离计算动能 E_k

利用测量的源与探测器之间的距离 d，代入式(5.1-3)和式(5.1-2)可以得到动能 E_k。

作出计数和动能 E_k 的分布图。

(4) 分析 β 能谱

对已作出的 β 能谱进行库里厄分析,给出最大能量 E_m 和极大值,给出极大值与最大值的近似关系。

五、思考题

1. 为什么 β 射线的能谱是连续的?
2. 什么是双 β 衰变?放出的中微子有何异同?
3. 利用核素质量,计算 $_1^3\text{H} \rightarrow _2^3\text{He}$ 的 β 谱的最大能量 E_m。

5.2 γ-γ 方向角关联实验

一、实验目的

① 掌握 γ-γ 方向角关联的基本理论和实验方法。
② 观察级联 γ 辐射的角关联现象。
③ 掌握多道的 GATE 输入使用方法。

二、实验原理

原子核由激发态跃迁到基态,有时要连续地通过几次 γ 跃迁,放出级联 γ 辐射。级联放出的两个 γ 光子的概率与它们出射方向间夹角有关的现象称为 γ-γ 方向角关联。通过实验和理论的比较,γ-γ 角关联的研究可以给出有关原子核能级的角动量和跃迁级次的知识。目前,由于高分辨 γ 谱仪、快符合技术和计算机的应用,角关联的测量已有相当高的精度。它不仅广泛用于确定原子核的衰变纲图,而且根据角关联函数受核外场作用的变化,即扰动角关联,可以测定原子核激发态的磁矩和电四极矩。作为一种核探针,扰动角关联可以研究介质内部的电磁场性质。它在固体物理、生物化学和冶金技术等方面有着重要的应用价值。

角关联理论是从 1940 年逐步建立起来。从经典观点来看,原子核可视为一个多极子。显然,多极辐射是与多极矩的方向有关的。例如,电偶极子辐射电磁波的强度在与偶极子垂直的方向上最强,与偶极子平行的方向上强度为零。从量子力学观点看,多极子一定的空间取向对应于原子核自旋一定的取向,γ 辐射与原子核的自旋取向有关。

角关联的本质,在于极化原子核发射粒子的概率会出现一定的角分布,同原子核的自旋方向与发射粒子方向之间的夹角有关。为了观察原子核辐射的角分布,原子核自旋可以极化成一定的取向,但其设备要求过高,技术相对复杂,本次实验不予采用。而另一种方法,选取自旋朝某种取向的原子核,在这个方向上直接筛选出对应的两种能量的光子,也可探测到角关联。

本实验拟采用 ^{60}Co 放射源,连续两次衰变放出 1.17 MeV 和 1.33 MeV 的能量,以此级联 γ 辐射来观察角关联,并试着验证与理论公式,即角关联函数所满足的勒让德函数形式的符合程度。图 5.2-1 所示为 ^{60}Co 的衰变纲图。

级联跃迁常用 $I_a(L_1)I_b(L_2)I_c$ 表示。其中 L_1 和 L_2 表示 γ_1 和 γ_2 的角动量,I_a、I_b 和 I_c

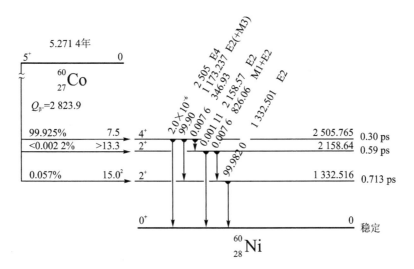

图 5.2-1 ^{60}Co 衰变纲图

分别表示原子核的始态、中态和末态的自旋。角关联函数一般形式为

$$W(\theta) = \sum_{r=0}^{r_{\max}} A_r P_r(\cos\theta) \quad (5.2-1)$$

式中,$W(\theta)$ 表示 γ_1 和 γ_2 间夹角为 θ 时的相对概率;$P_r(\cos\theta)$ 是勒让德函数;r 必须是偶数,$r_{\max}$ 取 $(2L_1, 2I_b, 2L_2)$ 中的最小值。系数 $A_0=1$,A_r 是 I_a、I_b、I_c、L_1 和 L_2 的函数,一般写成两部分的乘积,每一部分仅与一个 γ 跃迁有关,即

$$A_r = F_r(L_1 I_a I_b) F_r(L_2 I_c I_b) \quad (5.2-2)$$

它们的数值可查表 5.2-1。表中数据只是一部分,供实验时查用。

由式(5.2-1)看出,$W(\theta) = W(\pi-\theta)$,即角关联函数是 90°对称的。因此,实验上只需测量 90°~180°的角关联函数即可。由实验测定的角关联曲线,与理论角关联函数进行比较,就可以确定级联跃迁的能级特性。

表 5.2-1 一些常用的角关联系数值

γ-γ 级联 $I_a(L_1)I_b(L_2)I_c$	A_2		A_4	
	$F_2(L_1 I_a I_b)$	$F_2(L_2 I_c I_b)$	$F_4(L_1 I_a I_b)$	$F_4(L_2 I_c I_b)$
0(1)1(1)0	0.707 1	0.707 1	0	0
1(1)1(1)0	−0.353 6	0.707 1	0	0
2(1)1(1)0	0.070 7	0.707 1	0	0
3(2)1(1)0	−0.101 0	0.707 1	0	0
0(2)2(2)0	−0.597 6	−0.597 6	−1.069	−1.069
1(1)2(2)0	0.418 3	−0.597 6	0	−1.069
2(1)2(2)0	−0.418 3	−0.597 6	0	−1.069
3(1)2(2)0	0.119 5	−0.597 6	0	−1.069
4(2)2(2)0	−0.170 7	−0.597 6	−0.008 5	−1.069

实验上也常观察 $\theta=90°$ 和 $\theta=180°$ 两个 $W(\theta)$ 值,这样可确定角关联函数的各向异性

度 A：

$$A = \frac{W(180°) - W(90°)}{W(90°)} \qquad (5.2-3)$$

与理论计算的 A 比较，也可确定级联跃迁的能级特性。若角关联函数最高项系数为 A_4，则

$$A = \frac{1 + A_2 + A_4}{1 - \frac{1}{2}A_2 + \frac{3}{8}A_4} - 1 \qquad (5.2-4)$$

由表 5.2-1 查出 A_2、A_4 的值，可计算出各向异性度的理论值。对于级联跃迁 4(2)2(2)0 的理论值，角关联函数为

$$W_{\text{th}}(\theta) = 1 + 0.1020 P_2(\cos\theta) + 0.0091 P_4(\cos\theta) \qquad (5.2-5)$$

但是，通常状态下观察不到放射源辐射的各向异性，这是因为原子核自旋的取向是杂乱的。要观察角关联，应设法将原子核自旋有序排列，即原子核的激化；另外，也可以采用低温（约 0.01 K）加磁场（约 10^4 高斯）的方法。但这种方法设备复杂，不能用于所有原子核。本实验采用符合测量方法。如果原子核级联发射两个光子 γ_1 和 γ_2 而跃迁到基态，在任意选定的方向上观察 γ_1，就相当于选定了一批自旋有一定取向的原子核。利用符合技术，在不同方向上记录这些选出来的原子核级联发射的 γ_2，当然会表现出各向异性的角分布，γ_1 和 γ_2 之间就出现了角关联。这样，角关联函数 $W(\theta)$ 的实验测定，归结为测量不同夹角 θ 时的符合计数 $N(\theta)$。角关联函数的实验值 $W_{\text{exp}}(\theta)$ 一般表示为

$$W_{\text{exp}}(\theta) = \frac{N(\theta)}{N_1(\theta) N_2(\theta)} \qquad (5.2-6)$$

式中，$N_1(\theta)$、$N_2(\theta)$ 分别是两个单道的计数。

理论上的角关联函数是在点源、点探测器、无散射、无干扰辐射的条件下计算出来的。为了将实验结果和理论计算作比较，必须对实验结果进行校正。

1. 偶然符合

由于偶然符合计数 $N_\tau(\theta) = 2\tau N_1(\theta) N_2(\theta)$，为了减少偶然符合计数，希望分辨时间 τ 越小越好（$\tau < 10^{-9}$ s），要求快符合。但由于能量选择的结果，信号脉冲经过放大和甄别，不同幅度的脉冲已产生了较大的时延 $\tau_H \approx 10^{-6} \sim 10^{-7}$ s。为了不丢失真符合，必须满足 $\tau > \tau_H$，因此，只能进行慢符合（$10^{-6} \sim 10^{-7}$ s）。这样就限制了源强，从而限制了统计精度。精确的测量可用快-慢符合进行。此时，由于时间选择和能量选择在分离道中进行，充分发挥了闪烁体探测器的快速特性，实现了快符合。

2. 消除散射和干扰辐射的影响

γ 光子打在探测器上、周围物质和放射源的散射以及其他可能存在的干扰辐射，都有可能产生真符合计数，使实验结果产生误差。实验中采取适当的屏蔽，主要是适当选择多道脉冲分析器的阈值，去除散射和干扰辐射的影响。

3. 放射源的影响

放射源的线度应比晶体直径和源到探测器的距离小得多，可以把源看作点源。放射源的均匀性和几何位置的对称性实验前须仔细校准。源强的选择应遵守使真偶符合计数有最佳比

值的原则。

4. 探测器角分辨的校正

闪烁晶体有一定的大小,对放射源有一定的立体角。因此,两探头夹角为 θ 的符合计数 $N(\theta)$ 是对应于角关联函数在 $\theta \pm \Delta\theta$ 角度范围内的平均值,它将降低角关联的效应。这个影响可以通过在角关联函数的系数上乘以校正因子 G(常称衰减因子)来修正。考虑两个探头引起的效应,式(5.2-1)变为

$$W(\theta) = \sum_{r=0}^{r_{\max}} A_r G_r^2 P_r(\cos\theta) \tag{5.2-7}$$

G 因子与晶体大小、源到探测器的距离和 γ 光子的能量有关。对圆柱形 NaI(Tl) 晶体和点源的情况已经有人作了计算,可按实验的具体条件进行校正。

三、实验装置

本实验将会用到 20 μCi 级的 ^{60}Co 点源 1 个、ϕ40 mm×50 mm NaI(Tl) 闪烁探测器 2 个、有角度标示的转盘 1 个、高压电源 2 路、放大器 2 路、单道脉冲幅度分析器 2 路、多道脉冲幅度分析器 2 路、延迟器 1 个、符合电路 2 个、定标器 1 个、示波器 1 台。

要求快符合电路分辨时间约为 6.5 ns,慢符合的分辨时间约为 0.3 μs。

四、实验步骤

① 实验仪器的搭建。利用角分布支架,固定一个探测器,另一个探测器可在 90°~180° 范围内旋转,利用两个 NaI(Tl) 探测器对出射的 γ 射线进行探测。图 5.2-2 所示为探测装置部分角关联测量的结构图和实物搭建图,其中 1 号为灰色探测器,2 号为白色探测器。实验测量线路如图 5.2-3 所示,用示波器观察从放大器输出的脉冲波形。

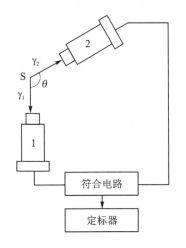
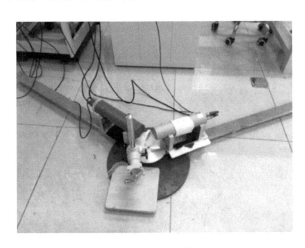

图 5.2-2 探测装置部分角关联测量的结构图和实物搭建图

② 接通电源后,给探测器加高压,利用多道脉冲幅度分析器,调节放大倍数和成形时间,首先测量放射源 ^{60}Co 的能谱,测量其峰值和半高宽,评估能量分辨率。需要两个探测器均能很好地分辨放射源 ^{60}Co 的两个峰值(分别对应 1.17 MeV 和 1.33 MeV)。

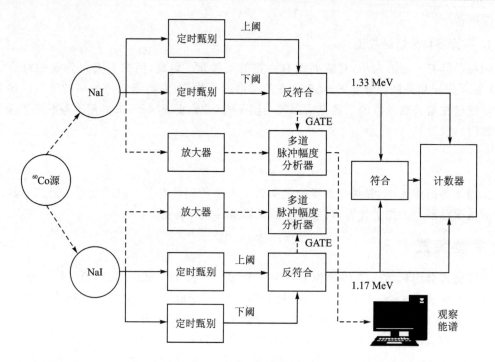

图 5.2-3 实验测量线路图

③ 利用多道确定单道的阈值将放大器的输出分为两路,一路直接接入多道的输入,另一道通过单道再输入到多道的 GATE 输入,确定这两路 γ 所对应的单道阈值与道宽。

利用 1 号和 2 号探测器分别探测 γ_1(1.17 MeV)和 γ_2(1.33 MeV),通过调节单道的阈值与道宽,并通过多道在计算机上进行 INPUT 与 GATE 的符合测量,最终得到一组符合图像和一组反符合图像。对比符合(coincidence)和反符合(anti-coincidence)测量的能谱,以确定每路单道的阈值。

④ 符合测量。不再将信号分为两路,直接由放大器输出,分别接入刚才已经设置好的阈值。首先,进行本底符合计数,将源收起,进行本底符合测量,时间为 300 s,测量计数,评估本底偶然符合计数率。然后,将两路信号分别接入计数器,探测两个 γ 射线各自的计数。最后,接入符合电路,进行符合测量,测量符合计数。

⑤ 转动可动探头,在不同角度测定单道计数,鉴定几何位置的对称性和源的均匀性。各角度计数率差异应小于 1%。

⑥ 测定 γ-γ 方向角关联曲线。在 90°~180°范围内测定符合计数 $N(\theta)$(统计误差应小于 5%)、$N_1(\theta)$ 和 $N_2(\theta)$(统计误差应小于 1%)。

⑦ 根据式(5.2-6)计算 $W_{exp}(\theta)$ 及其统计误差,计算时作偶然符合和本底计数的校正。根据式(5.2-7)画出 ^{60}Co 的理论角关联曲线并与实验结果进行比较。

⑧ 根据式(5.2-3),或由实验数据求角关联系数 A,经 G 因子校正后,按式(5.2-4)计算各向异性度并与理论结果比较。

五、思考题

1. 快-慢符合为什么能提高角关联函数的测量精度?试用所测的实验数据加以说明。

2. 地磁场对角关联测量有无影响？如何消除？
3. 角关联测量中要作哪些修正？如何修正？

5.3 塑料闪烁体时间分辨的测量

一、实验目的

① 掌握塑料闪烁体探测器的工作原理；
② 讨论脉冲形状，获得脉冲宽度 FWHM、幅度等基本信息；
③ 测量塑料闪烁体的时间分辨本领。

二、实验原理

闪烁体探测器由闪烁体、光电倍增管和相应的电子学仪器组成。探测器的基本原理是射线进入闪烁体发生相互作用，使闪烁体分子电离激发，退激产生大量光子。光子被光电倍增管光阴极收集发生光电效应，产生光电子经过倍增后输出信号。闪烁体按其化学性质，分为无机晶体闪烁体和有机闪烁体。塑料闪烁体是有机闪烁体的一种，在有机液体苯乙烯中加入发光物质后聚合而成。

塑料闪烁体是一种用途极为广泛的有机闪烁体，可用于测量 α、β、γ、快中子、质子等。塑料闪烁体有很多优良性质：① 制作简便，价格低廉，易于被加工成各种形状；② 发光衰减时间短（1～3 ns）；③ 透明度高，光传输性能好；④ 性能稳定，机械强度高，耐振动，耐冲击，耐潮湿；⑤ 耐辐射性能好，居闪烁体之首。但塑料闪烁体也有不足之处：① 软化温度较低，不能在高温下使用；② 易溶于芳香族及酮类溶剂；③ 能量分辨差。在实验中，塑料闪烁体探测器常用于时间测量。

1. 时间分辨本领

时间分辨本领是指可分辨的两事件的最小时间间隔。用谱仪测量 t 时刻来的射线可以得到一个高斯型的曲线，设谱线半高宽处的全宽度为 FWHM，一般用

$$\tau = \text{FWHM}$$

表示时间分辨能力。图 5.3-1 所示为时间分辨率定义示意图。

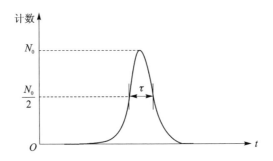

图 5.3-1 时间分辨率定义示意图

塑料闪烁体能量分辨差,但时间分辨本领高,因此塑料闪烁体探测器常用于时间测量。

在时间量的测量和分析中,首先需要用定时方法准确地确定入射粒子进入探测器的时间。核事件之间的时间间隔可以通过变换的方法,变成数字信号编码计数,从而得到时间谱。下面将介绍 TAC 时幅转换和 CFD 恒比定时方法。

2. 恒比定时 CFD

恒比定时在输入脉冲幅度的恒定比例点上产生过零脉冲。它既使用了过零定时技术,又能调节触发比最佳,减小时间晃动。所以它综合了前沿定时和过零定时的优点,大大提高了定时精度,是目前应用最广的定时方法。

实验恒比定时有两种方法:恒比成形+前沿触发器和恒比成形+过零触发器,如图 5.3-2(a)所示。两种定时结构都是先使输入信号恒比定时,成为双极性信号。实际应用中恒比成形+过零触发器结构用得比较多。

恒比定时的工作原理如图 5.3-2(b)所示。输入信号 $v_i(t)$ 分三路同时送到延迟端、衰减端和预置甄别器端。在延迟端,$v_i(t)$ 经延迟线延迟成为 $v_1(t)$;在衰减端,$v_i(t)$ 经衰减器衰减成为 $v_2(t)$。$v_1(t)$ 和 $v_2(t)$ 分别加在过零甄别器的正、负两个输入端,在过零甄别中产生双极恒比信号 $v_{12}(t)$,恒比过零点为 t_0。当输入信号 $v_i(t)$ 的幅度变化时,相应的 $v_1(t)$ 信号幅度和 $v_2(t)$ 信号幅度都跟着变化,但是过零点 t_0 保持不变。

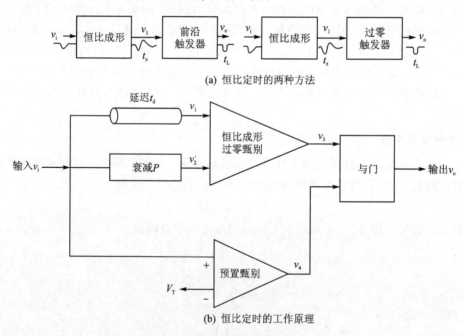

图 5.3-2 恒比定时工作原理图

3. 时幅变换 TAC

测量时间间隔的主要方法有两类:时间-数字变换和时间-幅度变换。目前,多道脉冲幅度分析器的适用范围很广,可采用时间-幅度变换方法。时间-幅度变换是将时间间隔变成一个模拟量,即脉冲幅度,再将该信号送到多道脉冲幅度分析器中,由脉冲幅度谱得到时间谱。

虽然经过时间-幅度变换和幅度-数字变换两次变换过程，但精度仍然很高。

实验所用到的 TAC 插件有 START 和 STOP 接口，需测量时间间隔的两个信号经定时后，分别接入 START 和 STOP(START 信号不能比 STOP 信号晚)。其输出信号将两个信号的时间间隔转换为幅度信号，经过多道脉冲幅度分析器(MCA)获得时间谱。

三、实验装置

图 5.3-3 所示为本实验装置方框图。

图 5.3-3　本实验装置方框图

本实验用双端口读出闪烁体探测器、高压电源、示波器、ORTEC584 定时器(CFD)、延迟插件(DELAY)、ORTEC567 时幅变换器(TAC)、ORTEC927 多道脉冲幅度分析器(MCA)、计算机。

四、实验内容

① 塑料闪烁体输出信号脉冲形状，FWHM、上升下降沿信息；
② 塑料闪烁体时间分辨本领。

五、实验步骤

1. 实验准备

按照图 5.3-4 连接电子线路，给塑料闪烁体两端加上合适高压，准备实验。

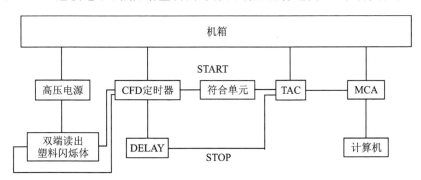

图 5.3-4　实验电子线路图

2. 时间刻度

不放源，调节 DELAY，测量不同延迟下的时间谱。可得到延迟时间差 Δt 与道址差 $\Delta \mathrm{CH}$ 的关系：

$$\Delta t = b \times \Delta \mathrm{CH}$$

3. 样品测量

放 Sr 源,测量源在不同位置时的时间谱。

4. 原始信号测量

使用示波器记录塑料闪烁体输出的原始信号。

六、思考题

1. 与单端读出的塑料闪烁体探测器相比,双端或者多端读出有何优势?
2. 比较不同类型闪烁体探测器的时间分辨。

5.4 宇宙线 μ 子平均寿命的测量

一、实验目的

① 了解宇宙线 μ 子的性质;
② 掌握宇宙线 μ 子平均寿命的测量原理;
③ 掌握时间甄别和测量的方法。

二、实验原理

μ 子是一种轻子,是自然界中存在的基本粒子之一,地球上的生物每时每刻都受到 μ 子照射。μ 子带有一个单位的基本电荷,自旋为 1/2,它的静止质量为电子静止质量的 207 倍(约 105.6 MeV/c^2)。μ 子是在 1936 年由卡尔·安德森在宇宙线实验中发现的,发现 μ 子在穿过磁场时弯曲的形态与已知的粒子不同,它的弯曲度比电子小,却比质子大。μ 子是迄今为止所发现的不稳定粒子中,除中子外平均寿命最长的粒子。对它的寿命测量和物理特性的研究具有重要的科学意义,例如对 μ 子寿命的精确测量可以确定标准模型中的费米耦合常数。在实验室对 μ 子的观测和寿命测量也是对狭义相对论的时间膨胀效应的有力验证。

宇宙射线在大气中发生簇射过程产生大量的 π 介子,μ 子主要是 π 介子衰变产生的,$\pi^- \to \mu^- + \bar{\nu}_\mu, \pi^+ \to \mu^+ + \nu_\mu$,平均寿命约 2.197 μs。由于 μ 子不参与强相互作用,只通过与物质的电磁相互作用和弱相互作用进行衰变,所以其具有较强的穿透力。实验证明,到达地面的 μ 子大多数产生于 15 km 的高空,产生的 μ 子速率接近光速。在 μ 子静止的参考系进行观测,其飞行的平均距离为 600 多米,想要到达地面几乎是不可能的。但大量的实验证据表明,地面上观测者可以测量到 μ 子。例如在海平面上,每平方厘米每分钟大约有 1 个 μ 子,平均能量在几 GeV 数量级。这是由于 μ 子的高速运动在狭义相对论中的时间膨胀效应下,其衰变时间延长,使 μ 子有机会达到地球表面。

在探测 μ 子平均寿命方面,常选用塑料闪烁体探测器,由于其容易制成较大的尺寸,具有探测效率高和时间响应快的特性。μ 子在塑料闪烁体中,主要的能量损失方式是电离损失,并伴随库仑散射。高能量 μ 子可直接从闪烁体中穿出,并在径迹周围产生电子以及荧光光子等次级粒子;一些较低能量 μ 子在闪烁体中停止并衰变,$\mu^- \to e + \bar{\nu}_e + \nu_\mu$。衰变产生的电子则继续与闪烁体发生作用,损失能量并使闪烁体分子激发,而电子反中微子($\bar{\nu}_e$)和 μ 子中微子(ν_μ)

直接穿出。塑料闪烁体中被激发的分子在极短的时间内(为 ns 量级)退激发并发射出荧光。荧光经过光电倍增管转换成电信号,这个信号作为 μ 子"到达"塑料闪烁体探测器的信号。停止在闪烁体中的 μ 子衰变产生的电子被塑料闪烁体探测器探测到,形成 μ 子"衰变"的信号。"到达"信号和"衰变"信号的时间间隔,就是 μ 子 1 次衰变的寿命。由于微观粒子(包括 μ 子)的衰变具有一定的统计性,因此实验上对 μ 子的寿命测量实际是通过测量时间差的分布,进而计算得到 μ 子的平均寿命。

设 μ 子的平均寿命为 τ,μ 子产生时刻($t=0$ 时刻)数目为 N_0,t 时刻数目为 N,则服从指数衰减规律为 $N=N_0 e^{-t/\tau}$,则 $dN = \dfrac{-N_0 e^{-t/\tau}}{\tau} dt$。因此单个 μ 子在时间间隔 dt 内衰变概率为 $p(t) = e^{-t/\tau}/\tau$。

在本实验中,来自宇宙线 μ 子的通量很低,每次击中探测器的事件可以看成单 μ 子事件。设第 i 个 μ 子的产生时间为 t_i,则相对公共的时间零点,衰变概率为

$$p_i(t) = \frac{e^{-(t-t_i)/\tau}}{\tau} \tag{5.4-1}$$

如果第 i 个 μ 子到达探测器的时刻为 T_i,那么时间间隔 ΔT 内,这个 μ 子衰变的概率是

$$p = \int_{T_i}^{T_i+\Delta T} p_i(t) dt = \int_{T_i}^{T_i+\Delta T} e^{-(t-t_i)/\tau} dt = e^{-\frac{T_i-t_i}{\tau}}\left(1 - e^{-\frac{\Delta T}{\tau}}\right) \tag{5.4-2}$$

如果在实验中共测量到 M 个 μ 子,则在时间差 ΔT 内衰变的总 μ 子数 N 为

$$N = \sum_{i=1}^{M} K_i \left(1 - e^{-\frac{\Delta T}{\tau}}\right) \tag{5.4-3}$$

因此,对实验测量的 ΔT 分布利用指数函数拟合,可以得到 μ 子衰变的平均寿命 τ。

三、实验装置

图 5.4-1 所示为本实验装置方框图,实验用塑料闪烁体探测器、NIM 机箱(带电源)、高压电源、恒比定时甄别器(CFD)、延时器、时幅变换器(TAC)、多道脉冲幅度分析器(MCA)、计算机和示波器。

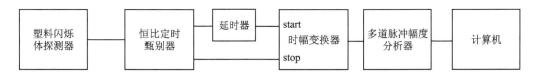

图 5.4-1 本实验装置方框图

当 μ 子在塑料闪烁体探测器中产生信号时,该信号经过恒比定时甄别器成形为逻辑信号,然后分成两路,一路经过延时器后送给时幅变换器的 start 端;另一路未延迟的信号送给 TAC 的 stop 端。时幅变换器的 start 和 stop 端之间的时间间隔就是真正的 μ 子到来信号与衰变信号的时间差 τ,将时幅变换器输出的信号再送入多道脉冲幅度分析器,就可以得到 μ 子的衰变谱。

四、实验内容

1. 确定恒比定时甄别器的甄别阈

由于进行 μ 子寿命测量时存在大量的本底事件,会产生大量的 γ-γ 偶然符合事件和 γ 射线与 μ 子偶然符合事件,为了筛选出真符合事件,减小偶然符合事件,可以利用设置定时甄别器的阈值,减小 γ-γ 偶然符合事件以及 γ 射线与 μ 子偶然符合事件。

2. 测量衰变时间

利用多道脉冲幅度分析器并结合计算机采集的 μ 子时间谱,对数据进行指数函数离线拟合,就可以得到衰变时间。

3. 时间定标

多道脉冲幅度分析器得到的时间谱中时间对应的道数,需要确定时间-道数之间的关系,因此用确定的时间和对应的道数,定标实验中时间-道数的关系。这样通过测到的道数就能知道时间。

五、实验步骤

① 按照图 5.4-1 连接实验仪器,调整恒比定时甄别器插件、延时插件、时幅变换装置以及多道脉冲幅度分析器等插件的参数,使各插件输出信号正常。
② 利用延迟器调节延迟时间,进行时间-道数定标。
③ 设定恒比定时甄别器的参数,调节延迟器,选定时幅变换器的测量量程,开始测量衰变时间。
④ 启动计算机上多道脉冲分析器的软件,开始计数,测量得到衰变数据。
⑤ 实验结束后,将高压电源的电压降到 0,然后关闭 NIM 机箱电源,最后关闭总电源。

六、思考题

1. 在实验中,如何调节恒比定时甄别器的甄别阈,使其他偶然符合事件减少?
2. 本实验中选择的是塑料闪烁体探测器,是否能选用 NaI 闪烁探测器,在选择上有何要求?
3. 在进行数据处理时,数据的误差如何处理?如何使得拟合精度更高?
4. 如何用蒙特卡罗模拟宇宙线 μ 子与物质的相互作用过程。

5.5 利用塑料闪烁体探测器测量 β 射线在空气中的速度

一、实验目的

① 了解塑料闪烁体探测器测量时间的原理;
② 掌握恒比定时技术的原理和方法;
③ 学习使用示波器进行信号时间信息处理。

二、实验原理和实验方法

1. 实验原理

β射线是高速运动的电子流,贯穿能力很强,入射在闪烁体上会产生荧光光子,这些光子在闪烁体中进行传播,被光电倍增管收集后转变为电信号,经计算机数据处理可得到时间及位置信息,这就是闪烁体探测器的工作原理。电子在空气中的速度随能量的不同一般应在 $0.85c \sim 0.99c$ 之间,可通过相对论动能公式 $E_k = E - E_0 = m_0 c^2 \left(\dfrac{1}{\sqrt{1 - v^2/c^2}} - 1 \right)$ 估算求出。对于β衰变,其能谱是连续分布的,因而速度也是连续变化的,其在空气中的平均速度能否与理论值相符合,需要在实验中进行检验。

Casino 软件是一套专门用于电子和材料相互作用的模拟计算程序,因采用蒙特卡罗算法编程,故选取"Casino"的英文来命名,以突出其随机统计性的特点。我们的实验选用β放射源 ^{90}Sr-^{90}Y 和塑料闪烁体探测器对空气中β射线的速度进行测量,并用 Casino 软件进行电子在塑料闪烁体中的能损修正,给出速度的实验测量值并与理论计算值相比较。

实验是基于自制的两个塑料闪烁体探测器及相应的核电子学设备完成的。闪烁探测技术是当前世界上应用广泛的辐射探测技术之一,它是利用核辐射的荧光效应来工作的,一般由闪烁体和光电倍增管两部分构成,结构如图 5.5-1 所示。根据实际工作环境和检测射线类别,探测器的设计和闪烁体的选取对应用效果有很大的影响。

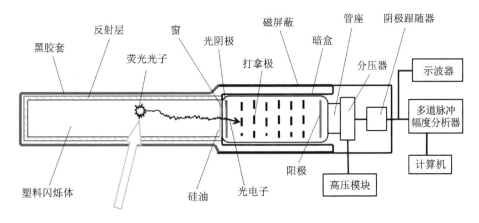

图 5.5-1 闪烁体探测器结构示意图

针对本实验的需要,我们选取了美国 ELJEN 公司生产的 EJ200 塑料闪烁体,其波长响应在 410~450 nm 之间有较高的光输出额;并选用日本滨松公司生产的型号为 R329-02 的光电倍增管,其波长-灵敏度特性在 400~500 nm 区间有较好的响应,刚好和所用闪烁体的波长响应特性形成匹配。经打磨成形后的闪烁体形状为 210 mm×46 mm×5 mm,管身部分长度约为 180 mm,光阴极有效直径约为 53 mm。

2. 实验方法

图 5.5-2 所示为测定β射线在空气中速度的实验装置图。由于距离 s 容易固定并测量,实验中只需测定β射线在介质中飞行时间 t,即可知道其速度。由于本实验要求有一定的精

度,因此β射线在闪烁体介质交界面处激发光子的响应时间,光电信号转换时间,包括仪器响应时间都不能忽略,所以采取消参数因子法,即在列出的方程中消去上述实验难以测得的参数值,通过改变参数的差量计算得到结果。

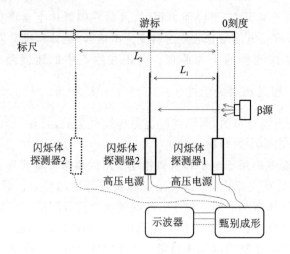

图 5.5 - 2　测定 β 射线在空气中速度的实验装置图

将两个闪烁体探测器平行放置,固定靠近β源的探测器1,并以探测器1位置为标尺作为坐标原点,移动探测器2,改变两者之间距离。设β源到探测器1的距离为d;探测器2移动前和移动后,相对位置分别为L_1、L_2;射线与两个闪烁体交接点到探测器光阴极之距为s;β射线在两个闪烁体介质交界面处激发光子的响应时间为t_1',光电信号转换时间与仪器响应时间之和为t_2',两个信号传到示波器上的时间分别为t_1和t_2,光子在闪烁体中和β射线在空气中的速度分别为v和v'。由此可列出如下方程:

① 探测器2在位置L_1处,有

$$\frac{s}{v} + \frac{d}{v'} + t_1' = t_1$$

$$\frac{s}{v} + \frac{d+L_1}{v'} + t_2' = t_2$$

两式相减可得

$$\frac{L_1}{v'} + \Delta t_1' = \Delta t_1 \tag{5.5-1}$$

② 同理,探测器2在位置L_2处,有

$$\frac{L_2}{v'} + \Delta t_2' = \Delta t_2 \tag{5.5-2}$$

因为①和②实验条件相同,所以$\Delta t_2' = \Delta t_1'$。故式(5.5-1)减式(5.5-2)有$\frac{L_2 - L_1}{v'} = \Delta t_2 - \Delta t_1$,即

$$v' = \frac{L_2 - L_1}{\Delta t_2 - \Delta t_1} \tag{5.5-3}$$

在实验中,Δt_1、Δt_2 均可在示波器上通过两个探测器波形的下降沿横轴差值直接读出,L_1、L_2 可由标尺事先量出并固定,故可由此方法得到 β 射线在空气中的速度。

实验选用 $^{90}Sr-^{90}Y$ β 放射源,将两个探测器水平放置在水平台上。为尽量保证精确度,减小系统误差,选取 L 时不应过小。L 取 14.2 cm、35.5 cm、56.4 cm、85.4 cm、111.7 cm、134.5 cm 作为 6 次实验探测器 2 的位置。在每个位置,探测器 1 和探测器 2 接收到射线信号的时间差可在示波器上测出,见图 5.5-3。在屏上移动竖直光标,测出两个信号下降沿下端点的横轴差值,即 $v' = \dfrac{L_2 - L_1}{\Delta t_2 - \Delta t_1}$ 中所要测量的 Δt_i。因示波器图像不稳定,连续截取一系列上述图像,分别测取时间间隔,得到一组 Δt_i。改变探测器 2 的位置,重复上述步骤,得到 6 组 Δt_i。

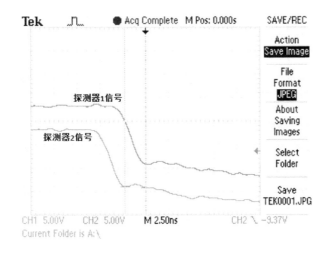

图 5.5-3 示波器双踪信号图像

三、实验步骤

① 按照图 5.5-2 连接好仪器;
② 给塑料闪烁体探测器 1 和 2 加合适的高压,并用示波器观察输出的脉冲;
③ 将探测器 1 和 2 输出的信号分别输入到恒比定时器上进行甄别成形;
④ 恒比定时器输出的两路信号分别输入到示波器的两个输入端,在示波器上观察两个信号前沿时间差,并记录;
⑤ 改变探测器 2 的位置,重复步骤④,记录数据。

四、实验数据分析

1. 实验数据处理

测量的 6 组实验数据如表 5.5-1 所列。将表格中的数据进行处理,代入公式(5.5-3),用 $\Delta L = L_i - L_j (i = 5, 6; j = 1, 2, 3)$ 计算 v'。当 $L_1 = 14.2$ cm,$L_5 = 111.7$ cm 时,有

$$\Delta L = L_5 - L_1 = 111.7 \text{ cm} - 14.2 \text{ cm} = 97.5 \text{ cm}$$
$$\Delta t = t_5 - t_1 = (4.75 - 0.675) \times 10^{-9} \text{ s} = 4.075 \times 10^{-9} \text{ s}$$

$$v' = \frac{\Delta L}{\Delta t} = \frac{97.5 \times 10^{-2} \text{ m}}{4.075 \times 10^{-9} \text{ s}} = 2.393 \times 10^8 \text{ m/s} \approx 0.798c$$

其他 5 组数据的处理如表 5.5-2 所列，利用速度值可计算出平均速度：

$$\bar{v}' = \frac{1}{6} \sum_{i=1}^{6} v'_i = \frac{1}{6} \times 4.794c = 0.799c$$

即实验测得 β 射线穿过闪烁探测器 1 后，在空气中的平均速度为 $0.799c$。

表 5.5-1　测量的实验数据

L_1/cm	平均时间间隔 t/ns
14.2	0.675
35.5	1.70
56.4	2.45
85.4	3.45
111.7	4.75
134.5	5.80

表 5.5-2　实验数据的处理

组　别	ΔL/cm	Δt/ns	速　度
$L_5 - L_1$	97.5	4.075	$0.798c$
$L_5 - L_2$	76.2	3.050	$0.833c$
$L_5 - L_3$	55.3	2.300	$0.801c$
$L_6 - L_1$	120.3	5.125	$0.782c$
$L_6 - L_2$	99.0	4.100	$0.805c$
$L_6 - L_3$	78.1	3.350	$0.777c$

2. β 射线在闪烁体中的能量损失修正

在实验中，β 射线要穿过闪烁体探测器 1 和一段空气。对电子在空气中的能量损失进行了计算，相对总能量来说较小，可以忽略。在塑料闪烁体中的能量损失，选用 Casino 软件进行了计算。此软件是一个基于蒙特卡罗算法的电子轨迹模拟程序。我们根据实验条件输入模拟参数：电子平均能量为 800 keV，出射小孔直径为 5 mm，所用塑料闪烁体材料碳氢比为 1∶2，材料厚度为 5 mm，进行了 20 000 个电子的模拟计算，最终得到电子流在中心射程上的能量损失约为 50%，即出射电子流能量也为 50%。穿过闪烁体探测器 1 后的 β 射线平均能量 $E_k =$ 800 keV×50% = 400 keV，代入公式 $v = c\sqrt{1 - \left(\dfrac{1}{E_k/m_0c^2 + 1}\right)^2}$，可得到出射电子流平均速度理论值应为 $0.823c$。由能量损失造成的速度损失应为闪烁体入射电子流与出射电子流平均速度之差 $\Delta v = 0.919c - 0.823c = 0.096c$，即 β 射线在 5 mm 塑料闪烁体中的能量损失造成的速度损失为 $0.096c$。故经能量损失修正后的平均速度为 $0.90c$。

3. 不确定度计算

由于测量时间间隔用的是数字示波器，测量距离用的是分度值 1 cm 的标准卷尺，故不确定度的来源就是 ΔL 和 Δt，这些均为 b 类不确定度，所以

$$\frac{u(v')}{v'} = \sqrt{\left(\frac{u_b(\Delta L)}{\Delta L}\right)^2 - \left(\frac{u_b(\Delta t)}{\Delta t}\right)^2} \tag{5.5-4}$$

式中，$u_b(\Delta L) = 0.5 \times 10^{-3}$ m，示波器读数的 b 类不确定度为最小可分辨刻度的 1/2，所以 $u_b(\Delta t) = 0.25 \text{ ns} \times \dfrac{1}{2} = 0.125 \text{ ns}$。

根据表 5.5-2 中所列数据，各组实验所得速度的不确定度如表 5.5-3 所列。

表 5.5-3 速度的实验数据不确定度表

组 别	ΔL/mm	$u_b(\Delta L)$/mm	Δt/ns	$u_b(\Delta t)$/ns	速 度	$u(v')$
L_5-L_1	975	0.5	4.075	0.125	$0.798c$	$0.0245c$
L_5-L_2	762	0.5	3.050	0.125	$0.833c$	$0.0341c$
L_5-L_3	553	0.5	2.300	0.125	$0.801c$	$0.0435c$
L_6-L_1	1203	0.5	5.125	0.125	$0.782c$	$0.0191c$
L_6-L_2	990	0.5	4.100	0.125	$0.805c$	$0.0245c$
L_6-L_3	781	0.5	3.350	0.125	$0.777c$	$0.0290c$

综上所述，$\bar{v}'$ 的不确定度为

$$u(\bar{v}') = \frac{1}{6}\sum_{i=1}^{6} u(v'_i) = \frac{1}{6} \times 0.17469c \approx 0.03c$$

且

$$u(\bar{v}) = u(\bar{v}') = 0.03c$$

故本实验测得 β 射线在空气中的速度为

$$\bar{v} \pm u(\bar{v}) = (0.90 \pm 0.03)c$$

4. 与理论值的比较

由相对论动能公式

$$E_k = E - E_0 = m_0 c^2 \left(\frac{1}{\sqrt{1-v^2/c^2}} - 1\right) \tag{5.5-5}$$

可知平均速度 v 和平均能量 E_k 的关系：

$$v = c\sqrt{1 - \left(\frac{1}{\frac{E_k}{m_0 c^2}+1}\right)^2} \tag{5.5-6}$$

式中，m_0 是电子的静止质量；$c = 3 \times 10^8$ m/s 为光速。

本实验中 β 射线的平均能量为 800 keV，代入式(5.5-6)可得到它的平均速度的理论计算值为 $0.92c$。修正后的实验测量值与理论值进行比较，相对误差为 2.17%。

五、思考题

1. 在本实验中，考虑下单能电子和 β 射线对实验的测量结果有何不同？
2. 影响实验测量精度的因素有哪些？
3. 实验中为什么选用塑料闪烁探测器？其他探测器是否可以？

第 6 章　综合性实验

本章介绍了实验室开发的几个研究性实验,从实验准备、实验测量、实验数据分析和实验结论,完整的实验可以系统地培养学生基本的核物理实验技能。通过这些实验,也可以使学生了解这些方向上实验研究的现状,让学生对真实的科学研究能够有初步的认知和了解。

6.1　β-γ 符合法测量放射源的绝对活度

一、实验目的

① 学会符合测量的基本方法;
② 掌握符合分辨时间的测量方法;
③ 学会用 β-γ 符合法测定放射源 ^{60}Co 的绝对活度。

二、实验原理

在核过程中,有许多在时间上相互关联的事件,符合法就是研究相关事件的一种方法。近年来,由于电子学、多参数分析系统的发展,符合法已成为核物理实验必不可少的实验手段,在核物理的各领域得到广泛的应用。

符合事件是指两个或两个以上同时发生的事件,符合法就是利用符合电路来甄选符合事件的方法。符合电路的每个输入道都称为符合道。

1. 符合分辨时间

任何符合电路都有一定的分辨时间,即当两个脉冲信号的起始时间相差甚微,以至在符合电路的分辨时间之内被当作两个完全同时发生的信号而使符合电路有输出,符合电路所能分辨的最小时间间隔 τ,即为符合分辨时间。因此,实际上符合事件是指相继发生的时间间隔小于符合分辨时间的事件。

2. 偶然符合法测符合分辨时间的原理

把具有内在因果关系事件的符合称为真符合,把不具有相关性事件的符合称为偶然符合。设探测器 1 和放射源 S_1,探测器 2 和放射源 S_2,各自进行独立测量。两个放射源之间,两个探测器之间有充分的屏蔽,使两个探测器基本上无法同时接受另一放射源发出的粒子,在这样的条件下,如果符合道有输出,即为偶然符合。若两符合道输出均为宽 τ 的矩形脉冲,一道、二道的平均计数率分别为 n_1、n_2,则偶然符合计数率为 $n_{rc}=2\tau n_1 n_2$,考虑本底符合计数率 n_{b12} 后,总偶然符合计数率 $n'_{rc}=n_{rc}+n_{b12}=2\tau n_1 n_2 + n_{b12}$。当本底符合计数率 n_{b12} 基本上为一常数时,n_{rc} 对 $n_1 n_2$ 是一条直线,斜率即为 2τ。因此,可以利用偶然符合计数率与符合分辨时间 τ 这一关系,来测定符合分辨时间 τ。

3. 利用瞬时符合曲线法测符合分辨时间

当 n_1、n_2 比较小时，n_{rc} 很小，τ 就不易测准，这时可用瞬时符合曲线法来测。

在测量中，用脉冲产生器作脉冲信号源，对符合测量装置，人为地改变两符合道的相对延迟时间 t_d，则符合计数率 n_{rc} 将随 t_d 有一个分布。由于标准脉冲产生器产生的脉冲基本上没有时间离散，输入的是理想的矩形脉冲，因此测得的分布曲线为一对称的矩形分布。实际上，探测器输出的脉冲信号的前沿时间是离散的，因此用探测器输出信号作为脉冲信号；由于粒子进入探测器的时间与输出脉冲前沿之间的间距不固定，脉冲前沿存在统计性的离散，所以分布曲线呈钟罩形。上述测量的分布曲线即瞬时符合曲线，它的半高宽即符合分辨时间。测量得到的矩形瞬时符合曲线半高宽即为电子学分辨时间，测量得到的钟罩形瞬时符合曲线半高宽即为物理符合分辨时间。

4. β-γ 符合法测放射源的绝对活度

图 6.1-1 所示为 ^{60}Co 的衰变纲图。当 ^{60}Co 衰变时，同时放出 β 和 γ 射线，称为级联发射。若放射源的活度为 A，用两个探测器分别进行 β 和 γ 的测量，β、γ 的探测效率分别为 ε_β、ε_γ，则 β 和 γ 的计数率分别为 $n_\beta = A\varepsilon_\beta$，$n_\gamma = A\varepsilon_\gamma$。

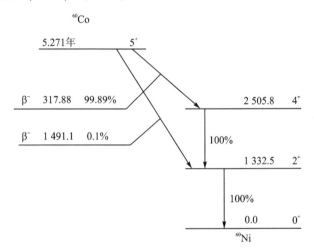

图 6.1-1 ^{60}Co 的衰变纲图

总符合计数率为 $n_{\beta\gamma} = A\varepsilon_\beta\varepsilon_\gamma = n_\beta n_\gamma / A$，则 $A = n_\beta n_\gamma / n_{\beta\gamma}$。

由于本底的存在、本底符合计数以及 γ 射线进入 β 探测器引起计数等因素，所以对上述关系还要进行一些修正。结果如下：

（1）β 道计数率

$$n_\beta = n_\beta(\beta) - n_\beta(b) - n_\beta(\gamma)$$

式中，n_β 为 β 道 β 的净计数率；$n_\beta(\beta)$ 为 β 道实测的计数率；$n_\beta(b)$ 为 β 道实测的本底计数率；$n_\beta(\gamma)$ 为 β 道实测的由 γ 引起的计数率。

（2）γ 道计数率

$$n_\gamma = n_\gamma(\gamma) - n_\gamma(b)$$

式中，n_γ 为 γ 道 γ 的净计数率；$n_\gamma(\gamma)$ 为 γ 道实测的计数率；$n_\gamma(b)$ 为 γ 道实测的本底计数率。由于 γ 探测器外加铝屏蔽罩，将源发射的 β 射线完全阻止掉，而只测量 γ 射线。

(3) 偶然符合计数率

$$n_{rc} = 2\tau n_\beta n_\gamma$$

真正的 β-γ 符合计数率应该是

$$n_{\beta\gamma} = n_{\beta\gamma}(\beta,\gamma) - 2\tau n_\beta n_\gamma - n_{\beta\gamma}(b) - n_{\beta\gamma}(\gamma,\gamma)$$

式中,$n_{\beta\gamma}(\beta,\gamma)$ 为符合道实测的总符合计数率;n_β、n_γ 分别为(1)和(2)中所定义的 β、γ 的净计数率;$n_{\beta\gamma}(b)$ 为符合道实测的本底符合计数率;$n_{\beta\gamma}(\gamma,\gamma)$ 为符合道实测的 γ-γ 符合计数率。

由以上各项可得

$$A = \frac{[n_\beta(\beta) - n_\beta(b) - n_\beta(\gamma)][n_\gamma(\gamma) - n_\gamma(b)]}{n_{\beta\gamma}(\beta,\gamma) - 2\tau n_\beta n_\gamma - n_{\beta\gamma}(b) - n_{\beta\gamma}(\gamma,\gamma)}$$

三、实验装置

图 6.1-2 所示为本实验装置方框图。

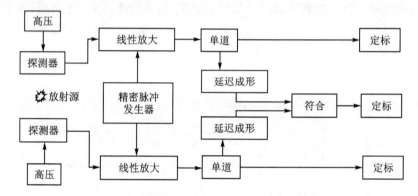

图 6.1-2 本实验装置方框图

本实验用 ^{60}Co 和 ^{137}Cs 放射源各 1 个,双通道示波器 1 台,NIM 机箱(带电源)1 个,精密脉冲发生器 1 台,高压电源 2 个,符合插件 1 台,β(塑料闪烁体探测器)和 γ 探头(NaI(Tl)闪烁探测器)各 1 个,谱仪放大器 2 个,定标器 3 台,铝片 1 块,单道脉冲幅度分析器 2 台,延时器 2 台,专用的探测器固定支撑结构 1 套。

四、实验内容

① 用示波器观察符合装置的各级信号,然后调节符合延迟时间,观测各级信号,选定工作条件。
② 用偶然符合法测量符合装置的分辨时间。
③ 用瞬时符合曲线法测量符合装置的分辨时间。
④ 用 β-γ 符合法测定 ^{60}Co 放射源的绝对活度。

五、实验步骤

① 按照图 6.1-2 连接实验仪器,打开机箱电源,调整符合系统参量,选定工作条件。
② 用脉冲发生器的输出脉冲为信号源,调节放大器放大倍数及成形时间,调节单道的阈值及符合电路的延迟时间,用示波器观察各级输出信号的波形及时间关系;改变输入信号大

小,观察单道输出脉冲的稳定性;调节延迟时间,使符合电路有符合输出。

③ 固定一路的延迟时间,改变另一路延迟时间,测量不同延迟时间时单道计数和符合计数,作出瞬时符合曲线,求出符合装置的电子学分辨时间。

④ 换上 ^{60}Co 源,用探测器信号代替脉冲发生器的信号。固定一路的延迟时间,调整另一路延迟的步进间隔,测量不同延迟时间的符合计数,细测瞬时符合曲线,求出符合装置的物理分辨时间。

⑤ 将延迟时间调到符合曲线的中间,测 ^{60}Co 放射源的绝对活度。
- 放上 ^{60}Co 放射源,测量 β 道计数率 $n_β(β)$、γ 道计数率 $n_γ(γ)$ 和符合道计数率 $n_{βγ}(β,γ)$;
- 在 ^{60}Co 放射源和 β 探头(塑料闪烁体探测器)之间放上铝片,测量 β 道和 γ 道的 γ-γ 符合计数率 $n_{βγ}(γ,γ)$、β 道的计数率 $n_β(b)+n_β(γ)$;
- 去掉铝片和 ^{60}Co 放射源,测量 β 道计数率 $n_β(b)$、γ 道计数率 $n_γ(b)$、符合道计数率 $n_{βγ}(b)$。

根据上面计算放射源活度的计算公式,代入各测量量,求出放射源的活度。

⑥ 换上 ^{137}Cs 放射源,进行偶然符合测量。测量 β 道计数率 n_1、γ 道计数率 n_2 和符合道计数率 n_{12},按偶然符合公式计算符合装置的分辨时间,与步骤③和④的符合分辨曲线的分辨时间进行比较。

六、思考题

1. 在实验中,如何确定源活度和符合装置分辨时间之间的关系?
2. 在本实验中为什么要先测定符合的分辨时间?
3. 能否用 γ-γ 符合测量 ^{60}Co 的绝对活度,它与 β-γ 符合测量活度有什么不同?
4. 在实验中如何确定放射源与探测器之间的距离?若要控制放射源活度测量的相对误差,该如何实验?

6.2 LaBr$_3$(Ce)、NaI(T1)和塑料闪烁体探测器性能比较

闪烁体探测技术已成为当前世界上最前沿的、应用最广泛的辐射探测技术之一。闪烁体探测器是一种常用的核辐射探测器,一般由闪烁体和光电倍增管两部分构成。闪烁体探测器具有探测效率高、转换效率高、荧光时间特性较好和灵敏体积大等优点。其能量分辨率虽然不如半导体探测器好,但对环境的适应性较强,因此,它仍是广泛使用的辐射探测器。

根据实际工作环境和检测射线类别,探测器的设计和闪烁体的选取对应用效果有很大的影响。有的闪烁体组成的探测器可以进行能谱测量,而且不同闪烁探测器的能量分辨率不一样;不同闪烁体的发光衰减时间也不一样,对于高强度测量或者用于时间测量的闪烁体,要求有尽可能短的发光衰减时间。因此,有必要对各种闪烁体探测器性能有一定的认知,从实验上给出它们的各种性能参数,为探测器的选取提供参考依据。

一、实验目的

① 掌握描述闪烁体探测器性能的一些参数;
② 了解不同闪烁体探测器的工作性能和用途;

③ 掌握几种闪烁体探测器之间的优缺点和使用范围；
④ 掌握几种测量闪烁体探测器特征的实验方法。

二、实验仪器和实验内容

1. 实验仪器

本实验对溴化镧 $LaBr_3(Ce)$、碘化钠 $NaI(Tl)$ 和塑料闪烁体三种探测器的性能进行了测试和研究。它们的参数如下：

① 塑料闪烁体探测器：选用 EJ-200 塑料闪烁体，其尺寸为 6 cm(长)×3 cm(宽)×3 mm(厚)；光电倍增管型号为 H7195。

② $NaI(Tl)$ 探测器：晶体，5 in×5 in；光电倍增管型号为 B133D01。

③ $LaBr_3(Ce)$ 探测器：晶体，3 in×3 in；光电倍增管型号为 R10233。

本实验用到的电子学插件有定时甄别器（ORTEC584）、信号门展宽器（GG8020）、多道脉冲幅度分析器（ORTEC927）、符合单元（CO4020）、时幅变换器（ORTEC567）和高压插件（N1470），用到的放射源有 ^{60}Co γ 源和 ^{90}Sr β 源。

在本实验中，根据不同探测器的具体特性，探究其输出信号特性、探测器本底能谱和不同能量射线的能量分辨率以及它们的时间分辨率，通过比较研究的方法探究这三种探测器的优劣和适用范围。

2. 实验内容

(1) 脉冲信号测量

闪烁体的闪烁发光时间包括闪烁脉冲的上升时间和衰减时间两部分。上升时间主要由闪烁体电子激发时间和粒子在闪烁体中耗尽能量所需的时间决定。不同晶体沉积能量的效果是不一样的，因此不同闪烁体会有不同的上升时间。闪烁体受激后，电子退激发光一般服从指数衰减规律，不同闪烁体有不同的闪烁发光衰减时间，有快有慢。图 6.2-1 所示为塑料闪烁体探测器、$NaI(Tl)$ 探测器和 $LaBr_3(Ce)$ 探测器的测量信号。对比塑料闪烁体探测器、$NaI(Tl)$ 探测器和 $LaBr_3(Ce)$ 探测器的上升时间和衰减时间。

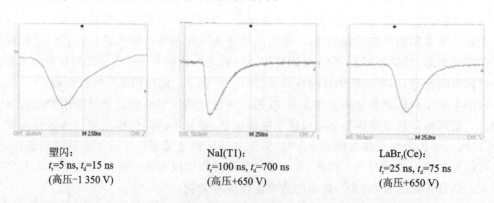

塑闪：
t_r=5 ns, t_d=15 ns
(高压-1 350 V)

NaI(Tl)：
t_r=100 ns, t_d=700 ns
(高压+650 V)

$LaBr_3(Ce)$：
t_r=25 ns, t_d=75 ns
(高压+650 V)

图 6.2-1 塑料闪烁体、$NaI(Tl)$ 和 $LaBr_3(Ce)$ 三种探测器的测量信号

实验步骤：

① 连接好仪器，先给闪烁探测器加高压；

② 将探测器输出的信号输入到示波器的输入端;
③ 调节示波器,捕捉良好的脉冲信号,观察脉冲上升时间和下降时间。

(2) 天然辐射本底谱测量

三种探测器测量的天然辐射本底谱如图 6.2-2 所示。通过对比,我们可以探究它们对能谱测量的性能,获得此三种探测器能谱测量的优劣性质。

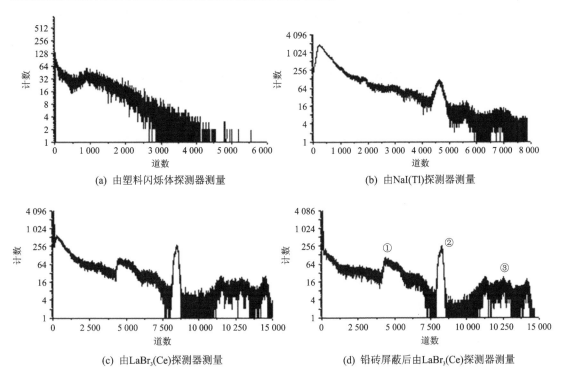

图 6.2-2 塑料闪烁体、$LaBr_3(Ce)$ 和 $NaI(Tl)$ 三种探测器测量的天然本底谱

图 6.2-2(a)所示为塑料闪烁体探测器测量的能谱。塑料闪烁体主要由碳、氢元素构成,没有观测到天然本底中所含的放射性核素 ^{40}K 衰变产生的 γ 射线峰,整个能谱表现出连续分布的特征。对 $NaI(Tl)$ 探测器而言,测量的天然辐射本底能谱如图 6.2-2(b)所示。图 6.2-2(b)中可以观察到天然本底中的 ^{40}K 衰变产生的 1.46 MeV 的 γ 射线峰。图 6.2-2(c)和(d)分别为 $LaBr_3(Ce)$ 探测器测量的有、无铅砖屏蔽的天然辐射本底能谱。通过对比,可以观察到,对于 $LaBr_3(Ce)$ 探测器的天然辐射本底能谱较为复杂。加屏蔽后,低能区本底计数有所减少,但对于其他成分峰,例如①、②和③部分,谱分布没有明显变化,说明这部分的辐射是来自探测器自身的辐射。这是因为在 $LaBr_3(Ce)$ 晶体中含有少量的 ^{138}La 同位素。

^{138}La 的衰变方式有 β^-、β^+ 和电子俘获(EC)三种。母核 ^{138}La 通过 β^- 衰变过程放出最高能量为 255.3 keV 的 β 射线,生成处于激发态的子核 ^{138}Ce,它再从激发态向基态跃迁,放出能量为 788.7 keV 的 γ 射线。图 6.2-2(d)中①就是由 β 射线连续谱和 γ 射线叠加而成一个加和峰。在发生 β^+ 和 EC 衰变过程时,^{138}La 衰变为处于激发态的子核 ^{138}Ba,接着 ^{138}Ba 退激发回到基态,释放能量为 1 435.7 keV 的 γ 射线。在 EC 衰变过程中,由于电子俘获,在核外电子轨道上产生了一个空位,外层的电子在依次填补的过程中释放出能量约为 32 keV 的 X 射线。图 6.2-2(d)中②也是一个加和峰,它是由 X 射线、1 435.7 keV 的 γ 射线和天然本底 ^{40}K 衰

变产生能量为 1 460 keV 的 γ 射线叠加形成的；而能谱中的③部分是由于掺杂的 ^{227}Ac 以及其子体发生 α 衰变所产生的。

实验步骤如下：

① 将"(1) 脉冲信号测量"中闪烁体探测器输出的信号输入到线性放大器的输入端，调节放大倍数等。

② 放大器输出信号输入到多道脉冲幅度分析器，多道脉冲幅度分析器和计算机通过 USB 线连接。

③ 启动多道脉冲幅度分析器的获谱软件，就可以进行能谱数据的采集。

④ 测量 ^{60}Co 源的 γ 能谱，记录 1.17 MeV 和 1.33 MeV γ 射线能量对应的道数。

⑤ 测量 ^{137}Cs 源的 γ 能谱，记录 0.661 MeV γ 射线能量对应的道数。

⑥ 根据测量的数据进行能谱标定，得到能量和道数之间的关系式。

⑦ 在此实验参数下，进行天然辐射本底谱测量，得到谱中峰对应的能量。

(3) 能量分辨率测量

单能带电粒子在闪烁体内损失能量引起的闪烁发光所放出的荧光光子数有统计涨落，所以一定数量的荧光光子打在光电倍增管光阴极上产生的光电子数目有统计涨落。这就使同一能量的粒子产生的脉冲幅度不是同一大小而近似为高斯分布。能量分辨率是衡量探测器在能量方面性能的重要参数。

对"(2) 天然辐射本底谱测量"测量的 ^{60}Co 和 ^{137}Cs γ 能谱，分别得到 0.661 MeV、1.17 MeV 和 1.33 MeV 的光电峰的半高宽 FWHM；根据能量和道数的标定关系式，将半高宽从道数变换为能量单位；然后根据能量分辨率的定义，得到不同探测器不同能量的能量分辨率。表 6.2-1 所列为 NaI(Tl) 和 LaBr$_3$(Ce) 探测器能量分辨率对比。

表 6.2-1　NaI(Tl) 和 LaBr$_3$(Ce) 探测器能量分辨率对比

放射源	射线的能量/MeV	能量分辨率/%	
		NaI(Tl)	LaBr$_3$(Ce)
^{60}Co	1.332		
	1.173		
^{137}Cs	0.662		

(4) 时间分辨率测量

时间分辨率是对探测器能够分辨的最小时间间隔，是表征探测器时间特性的重要物理参量。在实验过程中，对时间分辨率产生影响的因素主要有实验中探测器和电子学线路。

图 6.2-3 所示为 LaBr$_3$(Ce) 时间分辨率测量的实验线路图。

采用塑料闪烁体探测器（6 mm×3 cm×3 mm）作为触发探测器，则实验系统总的时间分辨率为

$$t_1 = \sqrt{t_p^2 + t_s^2 + t_{\mathrm{LaBr}_3}^2} \tag{6.2-1}$$

式中，t_p 为塑料闪烁体探测器的时间分辨率；t_s 为电子学时间分辨率；t_{LaBr_3} 为溴化镧探测器时间分辨率。

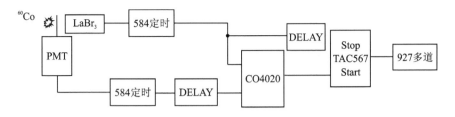

图 6.2-3　LaBr$_3$(Ce)的时间分辨率测量实验线路图

我们先选择两片几何尺寸相同,并用两个相同型号(H7195)的光电倍增管分别耦合的塑料闪烁体探测器对其进行时间分辨率测量。两个塑料闪烁体探测器组成系统的总时间分辨率为

$$t_2 = \sqrt{2t_p^2 + t_s^2} \qquad (6.2-2)$$

三种探测器测量的实验数据如表 6.2-2 所列,这样可以得到塑料闪烁体探测器的时间分辨率。以该探测器为触发探测器,组成图 6.2-3 所示的实验系统进行 LaBr$_3$(Ce)探测器时间分辨率的测量,将实验数据代入公式(6.2-1),可得到该 LaBr$_3$(Ce)探测器的时间分辨率。

表 6.2-2　三种探测器测量时间分辨率的实验数据

探测器	t_i/ps	t_p/ps	t_s/ps	探测器时间分辨率/ps	误差 σ/ps
塑料闪烁体					
LaBr$_3$(Ce)					
NaI(Tl)					

对于 NaI(Tl)探测器时间分辨率的测量,方法同 LaBr$_3$(Ce)探测器的测量方案,将图 6.2-3 中的 LaBr$_3$ 探测器换成 NaI 探测器就可以了。

三、思考题

1. 对比实验中三种探测器的测量结果,可得到哪些结论?
2. 能否说 LaBr$_3$ 探测器是闪烁体探测器中最好的,为什么?
3. 为什么不同闪烁体探测器输出信号的衰减时间不一样?
4. 为什么在能谱测量中塑料闪烁体探测器没有光电效应峰,而 LaBr$_3$(Ce)探测器和 NaI(Tl)探测器就有?
5. 分析探测器的时间分辨率跟哪些因素有关?

6.3　通过测量 ^{137}Cs 的 β 衰变和内转换电子能谱研究其衰变特性

通过研究放射性核素 β 衰变和内转换电子能谱来确定原子核的衰变性质是核物理研究的重要课题之一,也是了解原子核结构的一种方法。目前,在基础教学方面,通过对 ^{137}Cs 原子核的 β 能谱和内转换电子能谱的测量,进而研究其衰变性质的实验还比较少。

一、实验目的

① 掌握 β 衰变和内转换电子的基本原理;
② 了解 β 衰变和内转换电子的实验方法;
③ 掌握 β 衰变和内转换电子在原子核衰变研究方面的方法。

二、实验原理

1. β 衰变

β 衰变是电子-中微子场与原子核的相互作用,使核子不同状态之间引起跃迁,发射出电子和中微子,是一种弱相互作用。^{137}Cs 的 β 衰变为 $β^-$ 衰变,其衰变子核为 ^{137}Ba。

β 跃迁可分为容许跃迁和禁戒跃迁两种。其中禁戒跃迁又分为一级禁戒跃迁、二级禁戒跃迁等。以 ΔI 表示衰变前后母核和子核的自旋量子数的变化,即自旋之差:$\Delta I = I_i - I_f$;以 $\Delta \pi$ 表示衰变前后母核和子核的宇称量子数的变化,即宇称之积:$\Delta \pi = \Delta \pi_i \cdot \Delta \pi_f$。

在容许跃迁中,自旋和宇称变化满足

$$\begin{cases} \Delta I = 0, \pm 1 \\ \Delta \pi = +1 \end{cases} \quad (6.3-1)$$

在一级禁戒跃迁中,自旋和宇称变化满足

$$\begin{cases} \Delta I = 0, \pm 1, \pm 2 \\ \Delta \pi = -1 \end{cases} \quad (6.3-2)$$

对于 $n(n \geqslant 2)$ 级禁戒跃迁,自旋和宇称变化满足

$$\begin{cases} \Delta I = \pm n, \pm (n+1) \\ \Delta \pi = (-1)^n \end{cases} \quad (6.3-3)$$

^{137}Cs 经过 β 衰变到 ^{137}Ba* 的激发态后,会产生 γ 跃迁或发射内转换电子。γ 辐射分为电多极辐射和磁多极辐射两类。电 2L 级辐射用符号 EL 表示,磁 2L 级辐射用符号 ML 表示,其选择定则如表 6.3-1 所列。

表 6.3-1 γ 跃迁的选择定则

$\Delta\pi$ \ ΔI	0 或 1	2	3	4	5
+1	M1(E2)	E2	M3(E4)	E4	M5(E6)
−1	E1	M2(E3)	E3	M4(E5)	E5

利用量子力学的微扰理论,并考虑到库仑场的影响,可以得到 β 粒子动量分布的表达式:

$$N(p)\,dp = \frac{g^2 |M_{if}|^2}{2\pi^3 \hbar^7 c^3} F(Z,E) \cdot (E_m - E)^2 p^2 \, dp \quad (6.3-4)$$

式中,g 为弱相互作用常量;M_{if} 为跃迁矩阵元;E 为 β 粒子的动能;E_m 为 β 粒子最大动能;p 为 β 粒子的动量;$F(Z,E)$ 为修正因子,在非相对论近似中表示为

$$F(Z,E) = \frac{x}{1 - e^{-x}} \quad (6.3-5)$$

$$x = \pm \frac{2\pi Zc}{137v} \tag{6.3-6}$$

式中,对 β^- 衰变取正号,对 β^+ 衰变取负号;v 为 β 粒子的速度,Z 为 ^{137}Cs 的核电荷数。^{137}Cs 到 ^{137}Ba 的衰变为 β^- 衰变,故本实验中 x 取正号。

将上述分布公式改写为

$$\sqrt{\frac{N(p)}{Fp^2}} = K(E_m - E) \tag{6.3-7}$$

$$K = \frac{g|M_{if}|}{\sqrt{2\pi^3 \hbar^7 c^3}} \tag{6.3-8}$$

绘制 $\sqrt{\frac{N(p)}{Fp^2}}$ 对 E 的图像,称之为"库里厄图",而这种描绘方式称之为"库里厄描绘"。

对于容许跃迁,K 为常量,库里厄图为一直线;对于禁戒跃迁,$|M_{if}| = |M| \cdot \sqrt{S_n(E)}$,$S_n(E)$ 称为 n 级形状因子,它是 β 粒子能量 E 的函数,此时 K 不一定为常量。将式(6.3-7) 两边同除以 $\sqrt{S_n(E)}$,可以使库里厄图还原为直线,即

$$\sqrt{\frac{N(p)}{Fp^2 S_n}} = K(E_m - E) \tag{6.3-9}$$

式中 K 为常数。此时,$\sqrt{\frac{N(p)}{Fp^2 S_n}}$ 对 E 作图为一直线。

形状因子 $S_n(E)$ 的表达式为

$$S_1(E) = (W^2 - 1) + (W_0 - W)^2 \tag{6.3-10}$$

$$S_2(E) = (W^2 - 1)^2 + (W_0 - W)^4 + \frac{10}{3}(W^2 - 1)(W_0 - W)^2 \tag{6.3-11}$$

式中,W 和 W_0 是以 $m_0 c^2$ 为单位的 β 粒子总能量及其最大值(量纲为1),分别为

$$W = \frac{E + m_e c^2}{m_0 c^2} \tag{6.3-12a}$$

$$W_0 = \frac{E_m + m_e c^2}{m_0 c^2} \tag{6.3-12b}$$

依次选择 S_n,经过它的修正可以使得 $\sqrt{\frac{N(p)}{Fp^2 S_n}}$ 和 E 成直线关系,那么就能肯定这种跃迁是唯一禁戒跃迁,其禁戒级次则由所选取的 S_n 的级次来定。库里厄图可用来分析跃迁的性质,从而可以获得有关原子核能级自旋和宇称的知识。

更为简单判断跃迁级次的方法是计算 $\log fT_{1/2}$ 的值;其中 f 为最大衰变能量 E_m 和子核的核电荷数 Z 的函数,可查阅图 6.3-1(图中 Z 的正负表示 β^- 和 β^+ 衰变);$T_{1/2}$ 为母核的半衰期。不同类型和级次的跃迁所对应的 $\log fT_{1/2}$ 的范围不同,在实验上确定 E_m 的值以后,可以计算出 $\log fT_{1/2}$ 的值,进而判断其跃迁类型和级次。

跃迁级次和 $\log fT_{1/2}$ 的对应关系如表 6.3-2 所列。

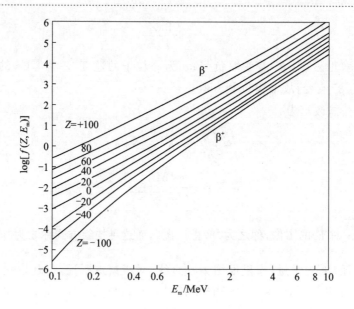

图 6.3-1　函数 $\log[f(Z,E_m)]$

表 6.3-2　跃迁级次和 $\log fT_{1/2}$ 的对应关系

跃迁级次	$\log fT_{1/2}$
超容许跃迁	2.9～3.7
容许跃迁	4.4～6.0
一级禁戒(非唯一型)	6～9
一级禁戒(唯一型)	8～10
二级禁戒	10～13
三级禁戒	15～18

2. 内转换系数

原子核的激发态至较低能态或基态的跃迁,既可以通过发射光子,也可以通过发射内转换电子来实现。

内转换系数 α 定义为

$$\alpha = \lambda_e/\lambda_\gamma = N_e/N_\gamma \tag{6.3-13}$$

式中,λ_γ 和 λ_e 分别为发射 γ 光子和内转换电子时的跃迁概率;N_e 和 N_γ 分别为单位时间内发射的内转换电子数和 γ 子数。

若 N_K 和 N_L 分别表示单位时间内发射的 K、L 等壳层的内转换电子数,则可定义各个壳层的内转换系数:

$$\alpha_K = N_K/N_\gamma, \alpha_L = N_L/N_\gamma, \cdots \tag{6.3-14}$$

理论上对内转换系数的计算比较复杂,特别是在重核中跃迁前、后能级的角动量之差很大而能量之差很小时,内转换系数是很大的,以致难以观察到 γ 辐射。为此,通常取不同壳层的内转换系数的分支比,即

$$\frac{K}{L} = N_K/N_L, \frac{L}{M} = N_L/N_M, \cdots \tag{6.3-15}$$

来进行比较。由于这种情况下,实验仪器带来的系统误差可以互相抵消,因而结果会更加准确。表6.3-3所列为内转换系数与跃迁类型的关系。

表6.3-3 内转换系数与跃迁类型的关系

跃迁类型	E3	E4	E5	M3	M4	M5
α_K	0.009 2	0.028	0.042	0.040	0.091 8	0.22
K/L	5.9	4.5	3.4	6.7	5.66	5.1

比较内转换系数的实验值与理论值,可以确定跃迁的多极性。

三、实验装置

本实验所用^{137}Cs放射源的活度为3.77×10^3 Bq;Si(Li)漂移探测器为美国 CANBERRA ESLB 系列,尺寸为 300 mm×300 mm×3 mm,并配有前置放大器;主放大器型号为 ORTEC672。

Si(Li)漂移探测器产生的信号经过前置放大器和主放大器的成形、放大之后送入数据获取系统,通过多道脉冲幅度分析器转化为具体的数字信息,再通过计算机软件的处理,得到所测量的能谱图像。图6.3-2所示为本实验的装置方框图。

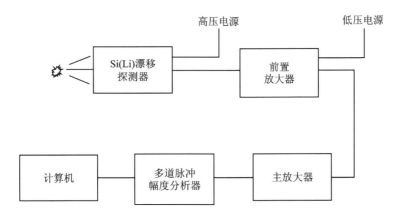

图6.3-2 本实验的装置方框图

四、实验步骤

实验步骤如下:
① 按照图6.3-2连接好实验仪器。
② NIM(Nuclear Instrument Module)机箱连接220 V交流电压,打开NIM机箱,±6 V、±12 V和±24 V灯亮,用万用表检测这些电压是否正常。
③ 从主放大器后端的前置电源口给前置放大器供低压。
④ 用高压电源插件给Si(Li)漂移探测器缓慢加高压,直至合适电压。
⑤ 调节放大器放大倍数和成形时间,使得能谱分布在合适的范围。
⑥ 各参数调节合适后,开始获取能谱。

五、实验数据分析和处理

图 6.3-3 所示为测得的 ^{137}Cs 源 β 衰变能谱。从能谱中可以判断，低能部分最明显的峰为 β 衰变电子峰，高能部分的三个峰为内转换电子峰。

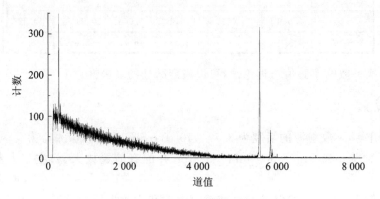

图 6.3-3　^{137}Cs 源的 β 衰变能谱

利用已知的三个内转换电子峰的能量数据，对所测能谱进行能量刻度。根据三个内转换电子峰的半高宽和所对应的能量，可计算出探测器的能量分辨率，如表 6.3-4 所列。

表 6.3-4　内转换电子峰的半高宽对应的能量分辨率

半高宽/keV	能量/keV	（相对）能量分辨率/%
1.73	624.22	0.28
1.53	655.67	0.23
0.66	660.36	0.10

本实验所用半导体探测器对于 624.22 keV、655.67 keV 和 660.36 keV 三个内转换电子峰的能量分辨率分别为 1.73 keV、1.53 keV 和 0.66 keV，参考文献[60]中所制作的 Si(Li) 电子谱仪对于 975.62 keV 能量的内转换电子谱的能量分辨率为 2.07 keV。两者相比，可以验证本实验所用探测器的能量分辨率是否较好。

1. 库里厄描绘

取图 6.3-3 中 β 衰变的能谱，并考虑扣除本底计数，按照部分实验原理中库里厄描绘的过程，计算出粒子的总能量 W、动量 p、速度 v 等参数，得到费米修正函数 F 和一级形状修正因子 S_1；然后作出 $\sqrt{\dfrac{N(p)}{Fp^2 S_1}}$ 对动能 E 的图像，如图 6.3-4 所示。其中，方形数据点为未经修正的数据，圆形数据点为加入一级形状因子 S_1 后的数据。

这里的误差只考虑了统计误差。从图 6.3-4 可以看出，一级形状因子修正后的库里厄图接近一条直线，对其进行线性拟合可得到回归直线方程：

$$\sqrt{\dfrac{N(p)}{Fp^2 S_1}} = -0.047\,96 \times (E - 513.11 \text{ keV}) \tag{6.3-16}$$

因此可求得 β 衰变的最大能量 $E_\mathrm{m} = 513.11$ keV，误差为 1.76 keV。

参考值的相对误差为

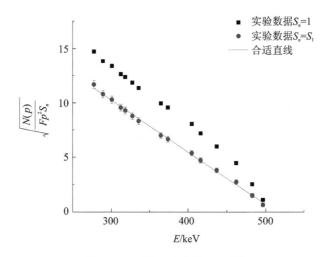

图 6.3-4 ^{137}Cs 衰变的库里厄图

$$\eta = \left|\frac{E_m - E_{m0}}{E_{m0}}\right| \times 100\% = \left|\frac{513.11 - 513.97}{513.97}\right| \times 100\% = 0.17\% \quad (6.3-17)$$

由以上结果可知,经过一级形状因子 S_1 修正之后 ^{137}Cs 的库里厄图变为直线,由跃迁选择定则可得出 ^{137}Cs 的 β 衰变是唯一型一级禁戒跃迁,与理论结果一致。

另一方面,已知 ^{137}Cs 的半衰期 $T_{1/2}$ 为 30.08y,实验所得最大能量 $E_m = 513.11$ keV,其衰变子核 Ba 的原子序数为 56,查阅函数 $\log[f(Z,E_m)]$ 图可知 $0.45 < \log[f(Z,E_m)] < 0.5$,由此可求得 $9.427 < \log fT_{1/2} < 9.477$。因此可判断 ^{137}Cs 的 β 衰变是唯一型一级禁戒跃迁,和上述利用库里厄描绘方法得到的结果相同,进一步验证了实验结论的正确性。

2. 内转换系数

对 K、L、M 三个壳层内转换电子峰进行高斯拟合的基础上,可得到三个峰的总面积(计数)分别为 5 515、1 033 和 273,净面积(计数)分别为 4 638、812 和 231。由此可计算出相应壳层内转换系数之比分别为

$$\frac{K}{L} = 5.712 \pm 0.217$$

$$\frac{M}{L} = 0.264 \pm 0.018$$

由参考文献[5]计算出的参考值分别为

$$\frac{K}{L} = 5.66 \pm 0.04 \quad (6.3-18)$$

$$\frac{M}{L} = 0.26 \pm 0.01 \quad (6.3-19)$$

则相对误差分别为

$$\eta_{K/L} = 0.92\%, \quad \eta_{M/L} = 1.54\% \quad (6.3-20)$$

这个结果在误差允许的范围内。

由 K、L 壳层内转换系数比可以知道,^{137}Cs 经过 β 衰变后的 γ 跃迁为 M4 跃迁。对于 M4 跃迁,根据 γ 衰变的跃迁选择定则,^{137}Cs 经过 β 衰变后的 γ 跃迁前后原子核的自旋和宇称变

化是 $\Delta I=4, \Delta \pi=-1$。

3. ^{137}Cs 衰变纲图的建立

根据原子核的壳模型，^{137}Cs 的质子数为 55，中子数为 82，它的最后一个质子处于 $\log 7/2$ 态，故其基态自旋为 $\frac{7}{2}$，宇称为偶。根据结论，由跃迁选择定则可知，^{137}Cs 的 β 跃迁前后的自旋和宇称的变化是 $\Delta I=0, \pm 1, \pm 2; \Delta \pi=-1$。又由于 ^{137}Cs 的 β$^-$ 衰变电子和中微子自旋平行（即 G-T 型跃迁），故有 $\Delta I=-2, \Delta \pi=-1$。由此可知 ^{137}Ba* 的激发态的自旋为 $\frac{11}{2}$，宇称为奇。

^{137}Ba* 的激发态 γ 跃迁到基态后，自旋和宇称变化是 $\Delta I=4, \Delta \pi=-1$，因此 ^{137}Ba 的基态自旋为 $\frac{3}{2}$，宇称为偶，这和已知结果是相同的。^{137}Cs 的基态-基态衰变能为 1 175.63 keV，本实验结果得出 ^{137}Cs 的基态到 ^{137}Ba* 激发态的衰变能为 513.11 keV，故 ^{137}Ba* 激发态能量为 662.52 keV，实际上该激发态的能量是 661.7 keV，误差为 0.12%。误差能够说明本实验测量值的准确性。

由此可以建立 ^{137}Cs 的衰变纲图，如图 6.3-5 所示。

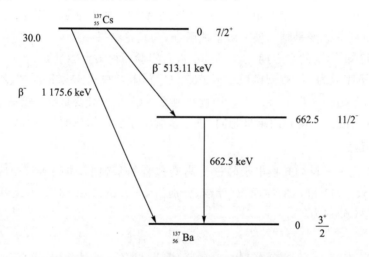

图 6.3-5 由实验数据建立的 ^{137}Cs 的衰变纲图

总之，通过本实验对 ^{137}Cs 的 β 衰变能谱和内转换电子能谱进行测量，可以得到库里厄图和内转换系数比，求得 ^{137}Cs β 衰变的最大能量，进而得到 ^{137}Cs 的 β 衰变和 γ 衰变的跃迁级次，从而可以确定其自旋和宇称，建立衰变纲图。通过这个实验，可以学习利用测量 β 衰变能谱和内转换电子能谱研究原子核结构及其衰变性质。

六、思考题

1. 什么是 β 衰变？利用 β 衰变如何确定原子核自旋和宇称？
2. 什么是内转换？与 γ 衰变有何区别？
3. Si(Li)漂移探测器工作原理与高纯锗探测器工作原理有何异同点？
4. 在实验中，如何去除 ^{137}Cs γ 射线的影响？

参考文献

[1] 卢希庭. 原子核物理[M]. 北京：原子能出版社，2000.
[2] 吴思诚，王祖铨. 近代物理实验[M]. 3版. 北京：高等教育出版社，2005.
[3] 李星洪. 辐射防护基础[M]. 北京：原子能出版社，1982.
[4] 王芝英. 核电子技术原理[M]. 北京：原子能出版社，1989.
[5] 吴治华. 原子核物理实验方法[M]. 北京：原子能出版社，1996.
[6] 郭晨雷，等. 验证辐射强度与距离平方反比律实验[J]. 大学物理实验，2011，24（1）：35-37.
[7] 常柏林. 概率论与数理统计[M]. 北京：高等教育出版社，1993：196-197.
[8] 北京大学，复旦大学. 核物理实验[M]. 北京：原子能出版社，1989.
[9] Tsoulfanidis N. Measurement and Detection of Radiation[M]. Washington, USA：Hemisphere Publishing Corporation, 1983.
[10] Evans R D. The Atomic Nucleus：Chapter 18-25 [Z]. New York：McGraw-Hill Inc，1955.
[11] Leo W R. Techniques for Nuclear and Particle Physics Experiments[M]. Berlin Heidelberg：Springer Verlag, 1987：149-158.
[12] Fassò A, Ferrari A, Roesler S, et al. The FLUKA code：present application and future developments [J/OL]. Computing in High Energy and Nuclear Physics，(2003-03-28)[2022-11-24]. http：//www.slac.stanford.edu/econf/C0303241/proc/papers/MOMT004.PDF.
[13] 王凤，喻晓，张高龙，等. β射线在铝膜中的吸收研究 [J]. 大学物理实验，2013，26（3）：6-8.
[14] 裴朝，张高龙，孟显奎. 伽马射线吸收系数测量方法的研究[J]. 大学物理实验，2010（4）：20-23.
[15] Su Xuedou, et al. Attenuation coefficients of gamma and X-rays passing through six materials[J]. Nuclear Science and Instruments，2020，31（3）.
[16] 周荣，等. 核电子学实验讲义[M]. 成都：四川大学，2010.
[17] Firestone R B, Chu S Y F, Baglin C M. 1998 Update to the 8th Edition of the Table of Isotopes CD-ROM[M]. John Wiley & Sons，Inc，1998.
[18] 汲长松. 核辐射探测器及其实验技术手册[M]. 北京：原子能出版社，2010.
[19] 谢建军，杨培志，廖晶莹. 卤化镧系 $LaX_3(Ce)$ 闪烁晶体的研究进展 [J]. 无机材料学报，2005，20(30)：522-528.
[20] 高峰，张建国，杨翙方，等. $LaBr_3$：Ce 闪烁探测器自发本底谱研究 [J]. 核电子学与探测技术，2012，32(5)：514-517.
[21] 楼滨乔. 用单光电子法测试快光电倍增管的时间分辨特性 [J]. 核电子学与探测技术，

1987,17(5):263-266.

[22] 汤彬,等. 核辐射测量原理[M]. 哈尔滨:哈尔滨工业大学出版社,2011.

[23] 丁洪林. 核辐射探测器[M]. 哈尔滨:哈尔滨工程大学出版社,2009.

[24] CAEN. 730 Digitizer Family [EB/OL]. [2022-09-01] https://www.caen.it/subfamilies/730-digitizer-family/.

[25] 吴鸿毅. PKUDAQ 使用说明[Z]. 北京大学,2021.

[26] NNDC. NuDat3.0 [EB/OL]. [2022-09-01] https://www.nndc.bnl.gov/nudat2/.

[27] 黄珍. $^6Li + ^{89}Y$ γ-γ 关联数据分析[D]. 北京:北京航空航天大学,2017.

[28] 潘登辉,过惠平,赵括,等. 平板型与圆柱形双层电离室主要特性对比[J]. 核电子学与探测技术,2018,38(4):568-571.

[29] 王玫,温中伟,林菊芳,等. 小型平板铀裂变电离室研制[J]. 核电子学与探测技术,2014,34(9):1128-1131.

[30] 赵瑞. 环境水平 X 射线周围剂量当量测量与研究[D]. 成都:成都理工大学,2018.

[31] 李德平. 球形电离室的一些特性[J]. 计量学报,1981(1):9-17.

[32] 安继刚. 充气电离室的研制与应用[J]. 核电子学与探测技术,1981(2):50-52.

[33] 倪宁. 高气压电离室微弱电流信号测量技术研究[D]. 成都:成都理工大学,2013.

[34] 岳清宇,金花,江有玲. 高压电离室环境辐射剂量率仪[J]. 辐射防护,1986(1):31-35.

[35] 赵帅,郭劲,刘洪波,等. 多像素光子计数器在单光子中的应用[J]. 光学精密工程,2011,19(5):972-976.

[36] Yamamoto K, Yamamura K, Sato K, et al. Development of Multi-Pixel multi-Pixel Photon Counter (MPPC) [C]. Nuclear Science Symposium Conference Record, NJ: IEEE Press, 2007:1511-1515.

[37] Taguchi M. Development of Multi-Pixel Photon Counter and readout electronics [D]. Kyoto:Kyoto University, 2007.

[38] 赵凯华. 量子物理[M]. 北京:高等教育出版社,2001.

[39] 邓景康,徐四大,等. 新型闪烁晶体的性能与应用研究[J]. 原子核物理评论,1999,16(1):61-65.

[40] Wisshak K, Kappeler F, Muller H. Prototype crystals for the Karlsruhe 4π barium fluoride detector [J]. Nuclear Instruments and Methods in Physics Research Section A, 1986,251(1):101-107.

[41] Yoshimori M, Watanabe H, Shiraishi F. Response of a 7.6 cm ×7.6 cm bismuth germanate spectrometer for solar gamma ray observations [J]. Nuclear Instruments and Methods in Physics Research Section A,1986,245(1):191-198.

[42] Wagenaar D J, Roberson N R, Weller H R, et al. A bismuth germanate gamma-ray spectrometer with a plastic anticoincidence shield [J]. Nuclear Instruments and Methods in Physics Research Section A,1985,234(1):109-115.

[43] Koehler P E, Wender S A, Kapustinsky J S. Improvements in the energy resolution and high-count-rate performance of bismuth germanate [J]. Nuclear Instruments and Methods in Physics Research Section A,1986,242(3):369-372.

[44] 吴治华. 夏帕克与多丝正比室——1992年诺贝尔物理学奖简介[J]. 科学,1993(2): 58-59.

[45] 中国科学院高能物理研究所. 正比计数器-多丝正比室-漂移室[EB/OL]. (2010-04-14) [2022-09-01] http://www.ihep.cas.cn/kxcb/kpcg/lztcq/201004/t20100414_2820728.html.

[46] 杨波. 基于延迟线的 MWPC 中子探测器信号读出[D]. 绵阳:中国工程物理研究院, 2016.

[47] 王伟彬,翁凡,钟沐阳,等. 光子在塑料闪烁体内的传输速率测量[J]. 大学物理实验, 2012,25(3):14-17.

[48] 中国科学技术大学近代物理系. 核与粒子物理专业基础实验讲义[M]. 合肥:中国科学技术大学,2019.

[49] 田怡,胡陆国,孙保华. 宇宙线 μ 子寿命测量的简化方法[J]. 大学物理,2018,37(10): 36-37.

[50] 孙腊珍,吴雨生,李澄. μ 子寿命测量实验[J]. 物理实验,2010,30(2):1-3.

[51] 常大虎,李永升. 相对论动能公式的教学讨论[J]. 黑龙江科技信息,2010,31:158-159.

[52] Drouin D, Couture A R, et al. CASINO V2.42 —a fast and easy-to-use modeling tool for scanning electron microscopy and microanalysis users [J]. Scanning, 2007, 29(3): 92-101.

[53] 张高龙,等. 利用塑料闪烁探测器测量 β 射线在空气中的速度[J]. 大学物理,2012,31 (11):32-35.

[54] 褚晓彤,王一涵,张超,等. 利用 γ-γ 符合测量 ^{60}Co 放射源活度[J]. 大学物理,2015,34 (10):57-59.

[55] 谢建军,杨培志,廖晶莹. 卤化镧系 LaX_3(Ce)闪烁晶体的研究进展[J]. 无机材料学报, 2005,20(30):522-528.

[56] 高峰,张建国,杨翙方,等. $LaBr_3$:Ce 闪烁探测器自发本底谱研究[J]. 核电子学与探测技术,2012,32(5):514-517.

[57] 王经瑾,范天明,等. 核电子学[M]. 北京:原子能出版社,1996:18-52.

[58] 谷钲伟,闫文奇,刘文斌,等. 溴化镧、碘化钠和塑料闪烁探测器性能比较[J]. 实验室研究与探索,2015,34(4):64-67.

[59] Browne E, Tuli J K. Nuclear Data Sheets for A=137 [J]. Nuclear Data Sheets, 2007, 108:2173.

[60] 俞嗣皎,李大庆,张秀风,等. Si(Li)电子谱仪的研制[J]. 核电子学与探测技术,1996,16 (6):428.

[61] 任赞,王选,等. 通过测量 ^{137}Cs 的 β 衰变和内转换电子能谱研究其衰变特性[J]. 大学物理,2016,36(2):61-65.